Europäische Akademie für Umweltfragen
Strahlen und Wellen
Einführung in die Radioökologie

D1654508

# Strahlen und Wellen
## Einführung in die Radioökologie

Prof. Dr. Hermann Berg, Jena

Prof. Dr. Helmut Metzner, Tübingen

Herausgegeben von der
Europäischen Akademie für Umweltfragen,
Tübingen

26 Abbildungen · 17 Tabellen

ÖKOLOGIE KOMPAKT BAND 7

S. Hirzel Verlag Stuttgart · Leipzig 1999

Europäische Akademie für Umweltfragen e.V.
European Academy for Environmental Affairs
Acádemie Européenne d'Ecologie
Derendinger Straße 41–45
D-72072 Tübingen

Die Deutsche Bibliothek – CIP-Einheitsaufnahme

**Berg, Hermann:**
Strahlen und Wellen : Einführung in die Radioökologie / Hermann Berg ; Helmut Metzner. Hrsg. von der Europäischen Akademie für Umweltfragen, Tübingen. – Stuttgart ; Leipzig : Hirzel, 1998
   (Ökologie kompakt ; Bd. 7)
   ISBN 3-7776-0873-4

Jede Verwertung des Werkes außerhalb der Grenzen des Urheberrechtsgesetzes ist unzulässig und strafbar. Dies gilt insbesondere für Übersetzung, Nachdruck, Mikroverfilmung oder vergleichbare Verfahren sowie für die Speicherung in Datenverarbeitungsanlagen.

© 1999 S. Hirzel Verlag, Birkenwaldstraße 44, 70191 Stuttgart
Printed in Germany
Satz: Mitterweger Werksatz GmbH, 68723 Plankstadt
Druck: Röck, Weinsberg
Umschlaggestaltung: Neil McBeath, Kornwestheim

# Vorwort

Der vorliegende Band befaßt sich mit einer noch recht jungen Teildisziplin der Ökologie. Die Radioökologie betrachtet alle Strahleneinwirkungen auf die Biosphäre. Aus der Fülle der beschriebenen Effekte interessieren hier vor allem diejenigen Aspekte, welche die menschliche Gesundheit betreffen.

Unter Strahlung versteht der Physiker eine räumliche Ausbreitung von Energie. Das Studium von Strahlenwirkungen auf den Organismus ist damit zugleich ein Teil der Bioenergetik. Allgemein unterscheidet man zwischen sog. Wellenstrahlen (elektromagnetische Strahlen) und der Ausbreitung von Partikeln, die der Erde in Form von Elementarteilchen (Protonen, Neutronen, Elektronen) oder auch von Kernbruchstücken ($\alpha$-Teilchen) zuströmen.

Das Spektrum der elektromagnetischen Strahlen reicht von Wellenlängen zwischen Bruchteilen eines Nanometers (Röntgenstrahlen) bis hin zu Kilometern (Radiowellen). Charakterisiert man die Strahlung statt durch Wellenlängen durch Energiebeträge, so überdecken diese einen Bereich von Quantenenergien $< 10^{-10}$ bis $> 10^7$ Elektronenvolt (eV).

Die Partikelstrahlung, welche die Erde aus dem Weltraum erhält (sog. Höhenstrahlung), besteht an der Erdoberfläche aus Protonen und Neutronen, ferner aus Kernen des Heliums (sog. $\alpha$-Teilchen) und einer Reihe schwererer Elemente mit Energien von teilweise $> 10^{18}$ eV (siehe Abschnitt 5). Hinzu kommen die in den oberen Schichten der Atmosphäre sekundär entstehenden Elektronen (sog. $\beta$-Strahlung).

Sehen wir einmal von klimatischen Einflüssen einzelner Frequenzbereiche ab, so reagieren lebende Zellen auf die verschiedenen Strahlenarten höchst unterschiedlich. Im Bereich der elektromagnetischen Strahlung wird der Wellenlängenbereich zwischen 400 und 700 nm vom Menschen als Licht empfunden. Auf der kurzwelligen Seite schließt sich das Ultraviolett (UV) an, dessen energiereicherer Anteil beim Menschen nicht nur einen schmerzhaften Sonnenbrand, sondern schwere gesundheitliche Schäden bis hin zum Zelltod verursachen kann. Auf der längerwelligen Seite geht das Licht in das sog. Infrarot (IR) über, das normalerweise nur zu einer Erwärmung der Gewebe führt. Nichtsdestoweniger gibt es viele Anhaltspunkte dafür, daß selbst die noch energieärmeren sog.

Mikrowellen, eine Strahlung im Millimeter- und Zentimeterwellenbereich, physiologische Wirkungen ausüben können.

Biophysiker und Bioelektrochemiker beschäftigen sich in jüngerer Zeit mit noch längeren Wellen (extremely low frequencies, ELF) im Bereich unter 100 Hertz. Diese Frequenzen können in der lebenden Zelle mannigfache Prozesse beeinflussen (vgl. Abschnitt 4). Selbst mit schwachen elektrischen und magnetischen Wechselfeldern im Bereich des Erdmagnetismus wurden im Laboratorium bei Mikroorganismen wie bei Tieren Einflüsse auf die Zellteilung, auf den Membrantransport sowie auf die Proteinsynthese und die Aktivität verschiedener Enzyme gemessen – ganz zu schweigen von den physiologischen Beeinträchtigungen, die bei Mensch und Tier in der Nähe von Strahlungsquellen durch den „Elektrosmog" hervorgerufen werden können.

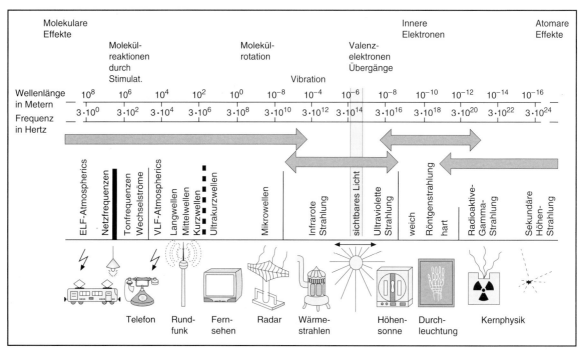

Im vorliegenden Text behandelte Frequenz- und Wellenlängenbereiche (nach Drischel, H.: Elektromagnetische Felder und Lebewesen, Akademie-Verlag, Berlin 1978).

# Inhaltsverzeichnis

Vorwort — 5

Inhaltsverzeichnis — 7

| | | |
|---|---|---|
| 1 | Die Besonderheiten des Planeten Erde | 11 |
| 1.1 | Die Bedeutung des Sauerstoffs | 11 |
| 1.2 | Aufbau und Zusammensetzung der Erdatmosphäre | 12 |
| 1.3 | Die Biosphäre | 14 |
| 1.3.1 | Der Bau der Zelle | 14 |
| | | |
| 2 | Felder, Wellen und Strahlen | 17 |
| | | |
| 3 | Energieform Licht | 19 |
| 3.1 | Globalstrahlung | 21 |
| 3.1.1 | Lichtgenuß der Biosphäre | 23 |
| 3.1.2 | Photosynthese der Pflanzen | 24 |
| 3.1.3 | Lichtreizreaktionen | 24 |
| 3.2 | Infrarote Strahlung | 27 |
| 3.3 | Ultraviolette Strahlung | 28 |
| 3.3.1 | UV-Wirkungen auf Moleküle | 28 |
| 3.3.2 | Photochemie in der bodennahen Luftschicht | 29 |
| 3.3.3 | Ozonschild | 30 |
| 3.3.4 | Biologische UV-Wirkungen | 30 |
| 3.3.4.1 | UV-Wirkungen auf die Haut | 30 |

| | | |
|---|---|---|
| 3.3.4.2 | UV-Wirkungen auf das menschliche Auge | 33 |
| 3.4 | Das „Ozonloch" | 33 |
| 3.4.1 | Photochemischer Ozonabbau | 34 |
| 3.4.2 | Folgen der Ozonschildzerstörung | 38 |
| 3.5 | Smog | 39 |
| 3.6 | Schutzmechanismen gegen UV-Schäden | 40 |

| | | |
|---|---|---|
| 4 | Der nicht-ionisierende Bereich des elektromagnetischen Spektrums | 41 |
| 4.1 | Biologische Wirkungen nicht-ionisierender Strahlungen | 43 |
| 4.1.1 | Natürliche äußere Felder und ihre Wirkung auf den Menschen | 44 |
| 4.1.2 | Künstliche Felder und ihre biologischen Wirkungen | 46 |
| 4.1.2.1 | Extrem niedrige Frequenzen (bis 300 Hz) | 46 |
| 4.1.2.2 | Sehr hohe Frequenzen (bis 300 GHz): Radar und Mikrowellen | 48 |
| 4.2 | Veränderungen von morphologischen und biochemischen Prozessen bei Zellen als Ursachen von biologischen Feldeffekten | 50 |
| 4.2.1 | Niederfrequente Elektrostimulation des Zellstoffwechsels (bis 300 Hz) | 51 |
| 4.2.2 | Hochfrequente Elektrostimulation und Elektrofusion (bis 300 GHz) | 53 |
| 4.3 | „Elektromagnetischer Smog" in den Industriestaaten, Entstehung und Ausmaß | 54 |
| 4.4 | Theoretische Deutungen | 59 |
| 4.5 | Das stille Umweltrisiko | 60 |

| | | |
|---|---|---|
| 5 | Nutzung der Kernenergie | 63 |
| 5.1 | Radioaktivität | 65 |
| 5.2 | Natürliche Radioaktivität | 70 |
| 5.2.1 | Bergbau und Kohleverbrennung | 75 |
| 5.2.2 | Baustoffe und Innenraumbelastung | 77 |
| 5.3 | Künstliche Radioaktivität | 78 |
| 5.3.1 | Atomwaffen und Fallout | 78 |
| 5.3.2 | Kerntechnische Anlagen | 83 |
| 5.3.2.1 | Kernkraftwerke | 85 |
| 5.3.2.2 | Wiederaufbereitungsanlagen | 90 |
| 5.3.2.3 | Brennelementfabriken und radiochemische Werke | 94 |
| 5.3.2.4 | Störfälle in kerntechnischen Anlagen | 94 |

| | | |
|---|---|---|
| 5.3.3 | Das Atommüll-Problem | 101 |
| 5.4 | Übergang der Radionuklide in die Biosphäre | 103 |
| 5.4.1 | Einbau des Tritiums | 108 |
| 5.4.2 | Einbau des Kohlenstoffs | 109 |
| 5.4.3 | Einbau der Edelgase und ihrer Tochterprodukte | 109 |
| 5.4.4 | Einbau aerosolgebundener Radionuklide | 110 |
| 5.4.4.1 | Einbau des Strontiums | 111 |
| 5.4.4.2 | Einbau des Caesiums | 112 |
| 5.4.4.3 | Einbau des Iods | 113 |
| 5.4.4.4 | Einbau der Transurane | 114 |
| 5.4.4.5 | Einbau anderer Radionuklide | 115 |
| 5.4.5 | Kontamination der Biosphäre durch den Tschernobyl-Fallout | 116 |
| 5.5 | Biologische Strahlenschäden | 117 |
| 5.5.1 | Strahlenempfindliche Zellinhaltsstoffe | 118 |
| 5.5.2 | Somatische Strahlenschäden | 119 |
| 5.5.2.1 | Somatische Frühschäden | 123 |
| 5.5.2.2 | Lebenszeitverkürzung | 123 |
| 5.5.2.3 | Krebs | 123 |
| 5.5.3 | Genetische Strahlenschäden | 125 |
| 5.6 | Überlegungen zum Strahlenschutz | 126 |

Literatur 129

Glossar 137

Sachregister 141

# 1 Die Besonderheiten des Planeten Erde

Während die sonnenfernen Planten Saturn und Jupiter ebenso wie die Sonne selbst zum größten Teil aus Wasserstoff bestehen, dominieren auf den sonnennahen Planeten vom Merkur bis hin zum Mars schwerere Elemente. Nur in deren heißen Kernen liegen diese in geschmolzener Form vor; in den kühleren Außenschichten herrschen verschiedene Verbindungen dieser Elemente vor. Dabei kommt dem Sauerstoff eine ganz besondere Bedeutung zu.

## 1.1 Die Bedeutung des Sauerstoffs

Die Entwicklung der Erde wäre völlig anders verlaufen, würde auf ihr nicht das Element Sauerstoff dominieren. Zwar ist molekularer Sauerstoff ($O_2$) erst recht spät im Laufe der Erdgeschichte aufgetreten. Große Mengen lagen aber seit jeher in Verbindungen mit metallischen wie nichtmetallischen Elementen vor. An der Erdoberfläche ist dies der Wasserstoff. Anders als bei allen anderen Planeten unseres Sonnensystems, variiert die Temperatur hier innerhalb einer Spanne, bei der die Verbindung Wasser ($H_2O$) in drei Aggregatzuständen – als Gas, als Flüssigkeit und als festes Eis – vorkommt. Das Wasser ist in seiner flüssigen Form ein sehr gutes Lösungsmittel, so daß die Verbindungen des Sauerstoffs mit den Elementen Kohlenstoff ($CO_2$), Schwefel ($SO_2$) und Stickstoff ($NO_x$) ebenso wie mit verschiedenen Metallen eine verdünnte Lösung, das „Seewasser", bilden.

Zwischen dem ~ 6.000 °C heißen Erdkern und der Erdoberfläche hat sich ein Temperaturgefälle eingestellt, das zu einer deutlichen Schichtung der Erdmasse führte. Der Geologe bezeichnet den festen Erdkörper als Lithosphäre. Ihre oberste Schicht wurde im Laufe der Erdentwicklung in den Boden umgewandelt. Auch hier dominiert der Sauerstoff. Die Gesamtmenge des Wassers bildete die Ozeane, aus denen die Verbindung $H_2O$ unter dem Einfluß der Sonnenstrahlung laufend verdunstet. Der entstehende Wasserdampf kondensiert in den Wolken wieder zu Tropfen, die als Regen oder Schnee auf die Oberfläche der Erde zurückfallen. Auf den Kontinenten bilden sie als „Süßwasser" Seen und Flüsse, die der Geologe – zusammen mit den Ozeanen – als Hydrosphäre bezeichnet. Festländer wie Meere sind umgeben von einer gasförmigen Hülle, in der die Elemente Stickstoff und Sauerstoff dominieren; wir bezeichnen sie als die Atmosphäre.

Vor einigen Jahrmilliarden entstanden innerhalb der Hydrosphäre die ersten Lebensformen. Sie entwickelten sich zu Organismen, die dazu in der Lage sind, die Verbindung Wasser zu zersetzen. Den Wasserstoff des $H_2O$ verwerten sie zur Umsetzung mit dem gelösten $CO_2$, wodurch die ganze Fülle der „Naturstoffe" entstand. Der Sauerstoff war für sie ein „Abfallprodukt", das in die damals noch sauerstofffreie Atmosphäre entwich. Im Laufe von Jahrmillionen entstand schließlich eine Fülle verschiedener Lebensformen, die wir oft als eine vierte Sphäre, die Biosphäre, betrachten.

## 1.2 Aufbau und Zusammensetzung der Erdatmosphäre

Die heutige Atmosphäre besteht zu ~78 % aus Stickstoff und zu ~21 % aus Sauerstoff. Durch den ständigen Zerfall des natürlich vorkommenden Radionuklids Kalium-40 (siehe Abschnitt 5.1) findet sich in der Lufthülle dessen Spaltprodukt, das Edelgas Argon, in einer Konzentration von nahezu 1 %. Der Anteil des $CO_2$ ist so niedrig, daß man ihn zweckmäßig in millionstel Volumeneinheiten (abgek.: ppm) angibt; der Wert liegt derzeit bei ~355 ppm; sein ständiger Anstieg bereitet einigen Meterologen und Umweltpolitikern Sorgen, da dieses Spurengas – im Gegensatz zu den Hauptbestandteilen der Atmosphäre – Wärmestrahlung absorbiert. Sehr

*Tab. 1: Chemische Zusammensetzung der Erdatmosphäre (nach [120] verändert).*

| Gas | Masse ($\times 10^{10}$ t) | Volumanteil (in ‰) |
|---|---|---|
| Stickstoff | 386,48 | 780,84 |
| Sauerstoff | 118,41 | 209,46 |
| Argon | 6,55 | 9,34 |
| Kohlendioxid | 2,64 | 0,34 |
| Neon | 6,36 | 0,018 |
| Helium | 0,37 | 0,0052 |
| Methan[*] | 0,49 | 0,0017 |
| Krypton[*] | 1,26 | 0,0010 |

[*] In diesen Zahlen sind die anthropogenen Veränderungen bereits berücksichtigt. Sie sind beim Methan in erster Linie auf die Erdöl-Gewinnung und -Verwertung, beim Krypton auf die Emission kerntechnischer Anlagen zurückzuführen.

unterschiedlich ist der Anteil an Wasserdampf. Seine Konzentration wird i. a. als relative Luftfeuchtigkeit angegeben, wobei man die unter den gegebenen Bedingungen von Luftdruck und Temperatur anzunehmende Feuchtigkeitssättigung der Luft als 100 % setzt.

Weitere Atmosphären-Bestandteile sind das Ergebnis menschlicher Aktivitäten. Zwar hat der Boden schon immer kleine Mengen an Distickstoffoxid ($N_2O$) abgegeben, auch wurden bereits früher geringe Mengen an Methan gefunden.

## Aufbau und Zusammensetzung der Erdatmosphäre

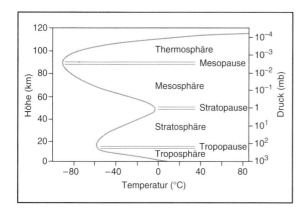

Abb. 1: *Schichtung der Erdatmosphäre (nach [45], verändert).*

Durch die Überdüngung vieler Böden, durch Massentierhaltung[1] und durch Abgaben aus Reisfeldern, vor allem aber durch Verluste bei der Erdöl- und Erdgasförderung steigt der Methangehalt ständig an. Weitere Kohlenwasserstoffe entstammen den unverbrannten Rückständen von Treibstoffen.

Die Geophysiker haben heute überzeugende Argumente für die Annahme, daß die junge Erde von einem Gasmantel umgeben war, der sich in seiner chemischen Zusammensetzung grundlegend von unserer heutigen Atmosphäre unterschied. Er bestand aus verschiedenen Verbindungen des Wasserstoffs, vornehmlich aus Wasserdampf ($H_2O$), aus Kohlenwasserstoffen (vor allem Methan $CH_4$) und Ammoniak ($NH_3$). Diese Gasmischung war der intensiven Sonnenstrahlung ausgesetzt, unter deren Einfluß Verbindungen des Elements Kohlenstoff (u. a. Aminosäuren) entstanden, die sich über Jahrmillionen im Urozean anreicherten.

In dieser von den Biologen gern salopp als „Ursuppe" bezeichneten Lösung müssen vor etwa 3,5 Milliarden Jahren die ersten Lebensformen entstanden sein, die diese photochemisch gebildeten Verbindungen ähnlich abgebaut haben dürften, wie heute beispielsweise Hefezellen eine Zuckerlösung umsetzen. Dabei wurde als eines der Spaltprodukte Kohlendioxid ($CO_2$) freigesetzt. Würde dieser Prozeß sich fortgesetzt haben, so wäre die Menge der Lebewesen allein durch die Nachlieferung der Kohlenstoffverbindungen durch eine rein photochemische Reaktion bestimmt gewesen, zumal nach spätestens einigen Jahrmillionen der ursprüngliche Vorrat an photochemisch erzeugten Verbindungen aufgezehrt sein mußte. Vor etwa 2 Milliarden Jahren aber muß dann eine Zelle entstanden sein, welche die einfallende Sonnenstrahlung absorbieren und die Energie ihrer Lichtquanten dazu nutzen konnte, aus dem vorhandenen $CO_2$ und dem Wasser organische Verbindungen aufzubauen (siehe Abschnitt 3.1.2).

---

[1] Im Magen der Wiederkäuer kommt es zu einer Vergärung der aufgenommenen Pflanzenmasse. Dabei entsteht u. a. der Kohlenwasserstoff Methan ($CH_4$).

Durch den Prozeß der pflanzlichen Photosynthese entsteht – als „Abfallprodukt" – der in Wasser nur bedingt lösliche Sauerstoff. Dessen zweiatomige Moleküle ($O_2$) entwichen aus den Ozeanen; in der Atmosphäre waren sie der intensiven Strahlung des Ultraviolett ausgesetzt, durch die aus einem Teil des $O_2$ der dreiatomige Sauerstoff, das sog. Ozon, entstand (siehe Abschnitt 3.3). Diese Verbindung absorbiert nun ihrerseits einen Teil des UV; sie reicherte sich in den oberen Schichten der Atmosphäre, der sog. Stratosphäre, an und wurde hier zu einem UV-Schutzschild. Erst unter diesem Schirm konnten die Organismen das schützende Wasser verlassen und die Kontinente besiedeln.

## 1.3 Die Biosphäre

### 1.3.1 Der Bau der Zelle

Die Zahl der unsere Erde gegenwärtig bevölkernden Tier- und Pflanzenarten wird unterschiedlich hoch geschätzt. Sicherlich leben auf dem Planeten Erde derzeit mindestens 2 Millionen, wahrscheinlich sogar annähernd 10 Millionen verschiedener Organismen. Ihnen allen gemeinsam ist der Aufbau aus kleinsten Elementareinheiten, den Zellen [120]. Für einige Arten – die sog. Einzeller – sind die Begriffe Zelle und Organismus synonym, bei allen höher entwickelten Formen indessen baut eine Vielzahl – beim Menschen rund $10^{14}$ – höchst unterschiedlich differenzierter Zellen ein hierarchisch gegliedertes lebendes System auf. Alle Lebewesen nehmen aus ihrer Umgebung Moleküle auf, wandeln diese um und geben die entstandenen Abbauprodukte wieder ab. Durch diesen Stoffwechsel verändern sie ihre Umwelt, d. h. Wasser, Luft und/oder Boden, weit über die Grenzen ihrer Gewebe hinaus.

Jede einzelne Zelle besitzt sehr verschiedenartige chemische Bausteine. Rein mengenmäßig dominiert das Wasser; es stellt in der Regel mehr als 99 % aller Moleküle. Unter den übrigen Zellinhaltsstoffen ragen die sog. Lipide, mit Wasser nicht mischbare Verbindungen, hervor. Sie sind wesentlich am Aufbau der Membranen beteiligt, mit denen sich die Zellen vom Außenmedium abgrenzen, mit denen aber auch der Zellinhalt in verschiedene Reaktionsräume, sog. Organellen, unterteilt wird. Dagegen spielen die oft aus Hunderttausenden von Atomen aufgebauten Makromoleküle der Eiweiße und Nukleinsäuren mengenmäßig eine höchst untergeordnete Rolle.

In den grünen, von einer stabilen Wand umkleideten Pflanzenzellen (Abb. 2) erkennt man schon unter einem nur schwach vergrößernden Mikroskop außer dem Zellkern, dem Sitz der Erbanlagen, und einer zentralen Vakuole eine größere Anzahl, meist einige Dutzend, farbiger Organellen, auf die der grüne Farbstoff der Blät-

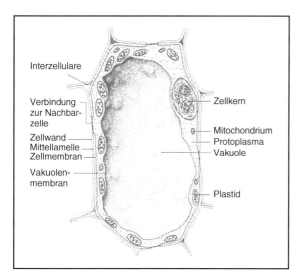

Abb. 2: *Bau einer Pflanzenzelle (nach [54]); Endoplasmatisches Reticulum unberücksichtigt.*

werden können. Ohne diesen Prozeß könnte der Mensch auf dieser Erde nicht existieren. Der Schutz der Vegetation ist daher schon aus diesem Grunde nicht nur ein ethisches Gebot, sondern eine unabdingbare Voraussetzung für das Leben von Mensch und Tier.

Aus der Tatsache, daß 1 m³ Luft nur 160 mg Kohlenstoff enthält, während 1 m³ Holz rund 300 kg dieses Elements aufweist, ersieht man, daß es durch die Photosynthese zu einer millionenfachen Konzentrierung des Kohlenstoffs kommt.

ter, das Chlorophyll, konzentriert ist. Allein in diesen sog. Chloroplasten läuft jene komplizierte Reaktionskette ab, durch die es den Pflanzen möglich ist, aus Wasser und dem darin gelösten Kohlendioxid Kohlenhydrate aufzubauen:

$$6\,CO_2 + 6\,H_2O + \text{Energie} \rightarrow C_6H_{12}O_6 + 6\,O_2$$

Diese Photosynthese führt zu einer Jahresproduktion von etwa $2 \cdot 10^{11}$ Tonnen Biomasse. Zweifellos ist die Kohlenstoff-Assimilation der grünen Pflanze heute der einzige mengenmäßig relevante Weg, auf dem Elemente der anorganischen Sphären in die Biosphäre eingeschleust

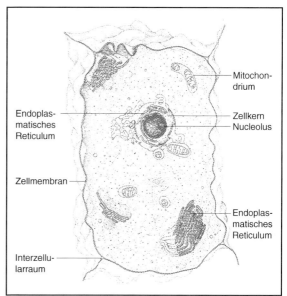

Abb. 3: *Bau einer tierischen Zelle (nach [54]).*

Unter der Gesamtheit aller Kohlenstoffverbindungen stellt die Cellulose der Bäume und Sträucher den größten Anteil. Erhebliche Kohlenstoffmengen stecken aber auch im Lignin, einem verzweigten Riesenmolekül, das die Festigkeit vieler Zellwände durch „Verholzung" bewirkt. Zahlreiche Bakterien und Pilze, nicht aber der Mensch und die meisten Tiere, können sich von Cellulose und/oder Lignin ernähren und durch deren Abbau den in den betreffenden Makromolekülen eingebauten Kohlenstoff „recyceln".

Tierische Zellen (Abb. 3) sind – ebenso wie Bakterienzellen – einfacher gebaut. Ihnen fehlen nicht nur die Chloroplasten, sondern auch die Wand und die zentrale Vakuole.

# 2 Felder, Wellen und Strahlen

Im alltäglichen Leben kennzeichnen wir einen Raum durch die Größen Höhe, Länge und Breite. Der Physiker erweitert diesen geometrischen Raumbegriff dadurch, daß er ihm die Gesamtheit aller in ihm vorhandenen physikalischen Werte zuordnet. Dazu gehört auch jene rätselhafte „Schwerkraft", die auf alle Körper einwirkt. Für das Verständnis elektrischer Erscheinungen wählen wir ein lange bekanntes Beispiel: Stellen wir zwei Metallplatten einander gegenüber und verbinden wir diese mit den Polen einer elektrischen Batterie, so laden wir die beiden Scheiben gegensinnig auf. Bringen wir nun, auf einer Glasplatte verteilt, feine Gipskriställchen zwischen die Platten, so ordnen sich diese zu einem charakteristischen Muster. Vergleichbare „Feldlinien" beobachtet man rund um einen stromdurchflossenen Metalldraht, in dessen Nähe zugleich eine Magnetnadel abgelenkt wird. Läßt man das Magnetfeld zusammenbrechen, so entsteht ein elektrisches Feld. Demnach scheinen sich doch elektrische und magnetische Felder gegenseitig zu bedingen. Es ist daher nur konsequent, wenn der Physiker diese beiden als elektromagnetisches Feld zusammenfaßt.

Die den Biologen interessierenden „Wellen" sind Teil eines weitgespannten Spektrums elektromagnetischer Schwingungen, die sich vor allem durch ihre Wellenlängen unterscheiden.

# 3 Energieform Licht

Die Debatte über die „Natur" des Lichts reicht weit in das Altertum zurück. Bereits im 5. vorchristlichen Jahrhundert diskutierten die Begründer der antiken Atomtheorie, Demokrit und sein Schüler Leukipp, eine Korpuskularhypothese, wenn sie annahmen, daß sich von allen unsichtbaren Körpern feinste „Häutchen" ablösen, die den Raum mit unermeßlicher Geschwindigkeit durcheilen sollten. Unserem Auge wird damit eine passive Rolle zugeschrieben. Anders hingegen die von Pythagoras (570–496 v.Chr.) und den Stoikern[2], ein Jahrhundert später dann von Euklid vertretene Theorie der Sehstrahlen, die uns heute wie der Vorläufer des Radarprinzips anmutet: Nach dieser Hypothese sollte das Auge aktiv Signale aussenden, die, am Objekt reflektiert, auf dessen lichtempfindliche Teile zurückkehren.

Der Streit der Physiker hat sich über die Jahrhunderte fortgesetzt. Schließlich dominierten die Verfechter der Wellentheorie; sie machten viele Phänomene verständlich, die man – wie die Strahlenbrechung und -beugung – ebensogut bei Wellen auf einer Wasseroberfläche beobachten kann. Damit ordneten sie jeder Strahlung eine Frequenz und eine Wellenlänge zu, deren Produkt die Fortpflanzungsgeschwindigkeit ergeben mußte. Durch sinnreiche physikalische Meßmethoden ließ sich zeigen, daß die höchstfrequenten Schwingungen – wie sie in den von radioaktiven Elementen emittierten Gammastrahlen (siehe Abschnitt 5.1) und in den Röntgenstrahlen vorliegen – Wellenlängen von Bruchteilen eines Nanometers aufweisen. Auf der anderen Seite stehen die sehr langwelligen Schwingungen, deren Wellen eine Länge von mehreren Kilometern besitzen können. Ihnen allen gemeinsam ist die wechselseitige Auslösung elektrischer und magnetischer Felder (daher die Bezeichnung „elektromagnetische Schwingungen").

Auf der anderen Seite häuften sich Berichte über experimentelle Ergebnisse, z.B. die Aussendung von Elektronen aus belichteten Metalloberflächen, deren Ergebnisse sich nur schwer mit einer Wellenhypothese in Einklang bringen ließen. Offensichtlich benimmt sich eine elektromagnetische Strahlung bei der Wechselwirkung mit Materie – und damit auch mit den lichtempfindlichen Zellen der Netzhaut – wie ein Kollek-

---

[2] Die Stoiker waren eine griechische Philosophenschule, die vom 3. vorchristlichen Jahrhundert bis in die römische Kaiserzeit hinein existierte. Bekannte Anhänger waren Zeno, Seneca und Marc Aurel.

tiv von Elementarteilchen, entsprechend einem Quant, das seine Energie an einen Materiebaustein (Atom oder Molekül) abgeben kann. Dabei ist die Energie mit der Frequenz der Strahlung eindeutig verknüpft.

Ohne hier diese unserem Vorstellungsvermögen so schwierige „Dualität" weiter zu diskutieren, sollen im folgenden Text mit Angaben wie Wellenlängen und Frequenzen die beobachteten biologischen Phänomene vorwiegend unter der fiktiven Annahme einer Wellentheorie behandelt werden. Nur dort, wo die Angabe von Energiebeträgen wesentlich erscheint, soll von Quanten (im Falle des sichtbaren Lichts als „Photonen" bezeichnet) die Rede sein. Dabei ist die (im Text in Elektronenvolt angegebene) Energie der Frequenz, d.h. der Zahl der Schwingungen pro Sekunde, direkt proportional. Angaben über die Zusammenhänge zwischen Energie, Frequenz und Wellenlänge sowie über die Umrechnungsfaktoren zwischen verschiedenen Energiemaßen sind im Text zu finden.

Die von unserem Auge als Licht empfundenen Schwingungen besitzen Wellenlängen im Bereich von millionstel Millimetern. Es hat sich allgemein eingebürgert, diese in $10^{-9}$ Metern (Nanometern, abgekürzt: nm) zu messen. Die Molekülkonzentration innerhalb der Atmosphäre läßt sich nur im Falle der mengenmäßig dominierenden Gase (Stickstoff, Sauerstoff, Argon) in Prozentwerten angeben. Um negative Zehnerpotenzen zu vermeiden, haben sich kleinere Maßeinheiten bewährt. Dabei bezeichnet die Abkürzung ppm (für „parts per million") die Konzentration von 1/10.000 %. Noch kleinere Konzentrationen werden in ppb (parts per billion = 0,001 ppm) oder ppt (parts per trillion = 0,000.001 ppm) gemessen.

Der vorliegende Band behandelt das sichtbare Licht nur insoweit, als dieser Bereich des Spektrums für das Verständnis der Biosynthese der Naturstoffe und dessen Reizwirkungen auf Pflanzen und Tiere von Bedeutung ist. An die langwellige Grenze des Lichts schließt sich das sog. Infrarot an; dieser Spektralbereich wirkt auf Organismen lediglich als Wärmequelle. Demgegenüber kommt der kürzerwelligen ultravioletten Strahlung eine große biologische Bedeutung zu. Dem kontrovers diskutierten Problem der biologischen Wirkung sehr langwelliger elektromagnetischer Strahlen ist ein eigenes Kapitel (siehe Abschnitt 4) gewidmet.

Die Oberfläche unserer Erde wird ständig von elektromagnetischer Strahlung getroffen. Quelle dieser Energie ist die Sonne, die in jeder Sekunde $4 \cdot 10^{21}$ kW = $4 \cdot 10^{18}$ MW in den sie umgebenden Raum emittiert. Dies entspricht der unvorstellbaren Leistung von mehr als tausend Billionen ($10^{15}$) modernen Kernkraftwerken. An der oberen Grenze der Erdatmosphäre mißt man einen Energiestrom von 1,36 kW/m². Dieser Wert wird oft wenig korrekt als „Solarin den Mikrometer-Bereich (Abb. 4) hinein. Nur rund 39 % der Strahlung entfallen auf das sichtbare Licht; etwa 53 % rechnet man dem längerwelligen Infrarot (abgekürzt: IR) zu. Wegen deren sehr unterschiedlicher Wirkungen unterteilt man den ultravioletten Anteil in drei Bereiche: Der kürzestwellige (UV-C) wird in der Atmosphäre praktisch vollständig absorbiert. Das UV-A wird dagegen weitgehend durchgelassen; es ist biologisch aber wenig wirksam. Daher kommt die Hauptbedeutung dem Bereich zwischen 280 und 320 nm (UV-B) zu [17].

Dabei ist die Gashülle unserer Erde für die verschiedenen Anteile der einfallenden Strahlung unterschiedlich durchlässig; sie besitzt einzelne „Fenster", die vor allem den Wellenlängenbereich zwischen 290 und 3.000 nm durchlassen. Die langwellige Grenze wird durch den Wasserdampfgehalt der Atmosphäre bestimmt, die kurzwellige Grenze hingegen vor allem durch die Menge des stratosphärischen Ozons.

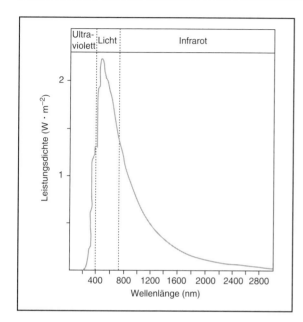

*Abb. 4: Spektrum der Sonnenstrahlung.*

konstante" bezeichnet. Dabei ist diese Zahl keineswegs konstant. Durch Unregelmäßigkeiten der Sonnentätigkeit ergeben sich jährliche Fluktuationen um bis zu ± 3 %, durch den im Jahresverlauf wechselnden Abstand zwischen Sonne und Erde weitere Schwankungen um etwa ± 2 % [173].

Außerhalb des Gasmantels unseres Planeten Erde reicht das Spektrum der einfallenden Sonnenstrahlung von wenigen Nanometern bis weit

## 3.1 Globalstrahlung

Die für die äußere Begrenzung der Atmosphäre berechnete Solarkonstante sagt wenig über die Energiemengen aus, welche die bodennahen Luftschichten treffen. Etwa 30 % der einfallenden Sonnenstrahlung werden innerhalb der Atmosphäre reflektiert, bevor sie noch die Erdoberfläche erreicht haben; ein Anteil von etwa 19 % wird von den Wolkenbänken, aber ebenso von Staubpartikeln und den Molekülen wärmeabsorbierender Gase (Wasserdampf, $CO_2$, Methan u. a.) geschluckt. Mit anderen Worten: Nur wenig mehr als die Hälfte (~ 51 %) erreicht die Oberfläche der Ozeane bzw. Kontinente.

Für jeden einzelnen Ort ergeben sich sowohl jahreszeitliche wie tagesperiodische Schwankungen. Summiert man die Werte für vorgegebene Standorte, so hängen diese erwartungsgemäß zum einen von der geographischen Breite des Beobachtungsortes und von dessen Meereshöhe, weiterhin von der Sauberkeit der Luft

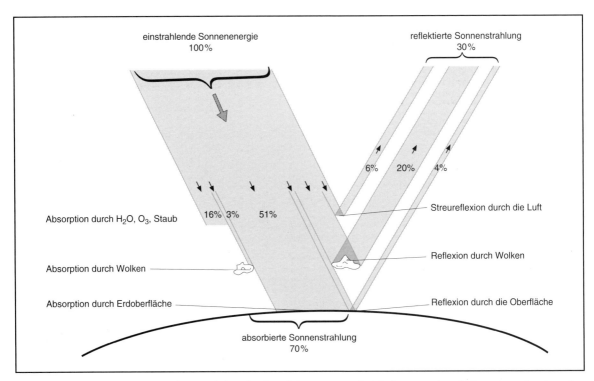

*Abb. 5: Strahlungsbilanz der Erdoberfläche (ohne Berücksichtigung des infraroten Spektralbereichs, nach [49], verändert).*

Tab. 2: *Jährliche Globalstrahlung für verschiedene Städte (Angaben in kWh/m², nach [64]).*

|  | kWh/m² |
|---|---|
| London | 945 |
| Hamburg | 980 |
| Freiburg i. Br. | 1.170 |
| Rom | 1.680 |
| Kairo | 2.040 |

sowie schließlich von der mittleren Wolkenbedeckung ab. Die Tabelle 2 gibt Zahlen für die jährliche Globalstrahlung in fünf bekannten Städten.

Noch höhere Werte ergeben sich für die nahezu vegetationslosen Wüstengebiete; dabei mißt man sowohl in der Sahara als auch in den Trockengebieten Arizonas mit ~ 2.350 kWh/m² praktisch identische Werte.

## 3.1.1 Lichtgenuß der Biosphäre

Die Organismen werden nur von einem Teil dieser „Globalstrahlung" getroffen. Ihr sind nur jene Landpflanzen und -tiere ausgesetzt, die kein Blätterdach über sich haben. Dieses nämlich würde einen Teil der vom Chlorophyll aufgenommenen Strahlung, d.h. vorwiegend Rot- und Blaulicht (Absorptionsspektrum siehe Abb. 6) herausfiltern und ein Restlicht mit deutlichem Maximum im Grünbereich übrig lassen. Der Nutzung dieser Komponente sind insbesondere die Schattenpflanzen und die am Boden der Wälder lebenden Tiere angepaßt.

Licht dringt nur geringfügig in den Boden ein; insbesondere die kürzerwelligen Komponenten (blaues und violettes Licht) werden stark gestreut, so daß schon in geringer Bodentiefe ein schwaches Rotlicht herrscht. Im Wasser hän-

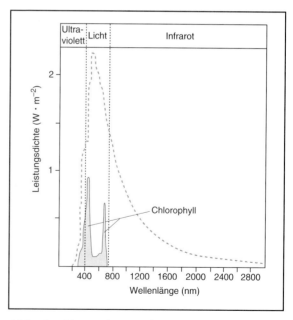

Abb. 6: *Absorptionsspektrum des Chlorophylls (Erläuterungen siehe im Text).*

gen die optischen Verhältnisse von der Menge der Schwebstoffe ab: In sauberes Wasser dringt vor allem das kürzerwellige Blaulicht ein, während Rotlicht stärker absorbiert wird. Dabei kann in klaren Seen selbst in einer Tiefe von 80 m noch eine Intensität herrschen, die einigen extremen Schattenpflanzen (vor allem Algen) eine Photosynthese ermöglicht. Anders in schwebstoffhaltigem Wasser, beispielsweise der Brandungszone der Meere: Hier wird das Blaulicht stark gestreut; allein die längerwelligen Komponenten (Grünlicht, vor allem Rotlicht) lassen sich noch in tieferen Wasserschichten nachweisen. Die ultraviolette Komponente der Sonnenstrahlung wird von reinem Wasser schwächer absorbiert als allgemein angenommen; in sehr klaren Seen hält eine Säule von 10 m Höhe nicht mehr UV-Strahlung zurück als die Erdatmosphäre [17]. Daher erlaubten – nach der von Biologen heute einhellig vertretenen Auffassung – allein die tieferen Schichten der Ozeane die Entstehung und Vermehrung UV-empfindlicher Zellen. Nur an der Oberfläche der Meere ist das (tierische wie pflanzliche) Plankton einer intensiveren ultravioletten Strahlung ausgesetzt (siehe Abschnitt 3.3).

### 3.1.2 Photosynthese der Pflanzen

Lichtenergie wird von den grünen Pflanzen in die Energie chemischer Bindungen umgewandelt. Durch diese „Photosynthese" ist die Pflanze dazu in der Lage, aus zwei kleinen sauerstoffhaltigen Molekülen, dem Wasser ($H_2O$) und dem Kohlendioxid ($CO_2$), Kohlenhydrate zu synthetisieren, aus denen dann im Verlaufe des Zellstoffwechsels die ganze Fülle der Naturstoffe entsteht.

Der Vorgang der Photosynthese ist an den Besitz eines besonderen Farbstoffs, des Chlorophylls („Blattgrün"), gebunden. Die höheren Pflanzen besitzen zwei chemisch nahe miteinander verwandte Chlorophylle (a und b). In ihren optischen Eigenschaften unterscheiden sich diese nur geringfügig voneinander. Beide nehmen vor allem Rot- und Blaulicht auf (Abb. 6); sie absorbieren indessen auch noch einen Teil der längerwelligen ultravioletten Strahlung. UV-Quanten sind energiereicher als die des sichtbaren Lichts. Ein Teil von ihnen kann zur photosynthetischen Stoffproduktion beitragen. Kürzerwellige UV-Strahlung wirkt hingegen zellschädigend; sie setzt die Photosyntheseleistung der Pflanzenzelle herab (vgl. Abschnitt 4.4.2).

### 3.1.3 Lichtreizreaktionen

Der tierische Organismus kann Lichtenergie nicht in andere Energieformen transformieren, wohl aber kann er sie als Signal nutzen, um in chemischen Verbindungen gespeicherte Energie kontrolliert freizusetzen. Auch pflanzliche Zellen können durch Licht gereizt werden. Anders als bei der Photosynthese wird bei diesen Reizreaktionen keine Energie gewonnen. Im Gegenteil: die in einer Zelle absorbierte Lichtenergie löst eine Reaktionsfolge aus, für welche die erforderliche Energie zuvor in Form von chemischer und/oder elektrischer Energie gespeichert wurde.

Viele Einzeller und kleine Kolonien, deren Zellen aufgrund des Besitzes von Geißeln zur Ortsveränderung befähigt sind, bewegen sich erst bei Belichtung. Bei vielen Arten beobachten wir aber nicht allein ein orientierungsloses Schwimmen, sondern eine zielgerichtete Bewegung auf die Lichtquelle hin – oder auch von dieser fort (Fluchtreaktion). Um zu einer derartigen „Phototaxis" befähigt zu sein, muß der betreffende Organismus eine lichtempfindliche Region aufweisen; das aber bedeutet: er muß chemische Verbindungen besitzen, deren Moleküle einen Teil der einfallenden Strahlung absorbieren. Derartige Substanzen erscheinen dem menschlichen Auge farbig; mit anderen Worten: lichtempfindliche Zellen müssen Farbstoffe enthalten.

Bei festgewachsenen Pflanzen – vor allem unseren Landpflanzen – bleiben in der Regel einzelne Teile (Blüten- und Laubblätter u. a.) beweglich. So kann es bei einseitiger Belichtung zu einem ungleichen Wachstum der lichtzu- und -abgewandten Flanken kommen, durch das eine Krümmung von Sprossen oder eine Orientierung der Blätter zum Lichteinfall hin veranlaßt wird (Phototropismus). Auch einige Tiere, beispielsweise Polypen, zeigen einen ausgeprägten Phototropismus.

Schließlich löst Licht die Bildung von Chlorophyll und anderen Pigmenten aus. Überdies kommt es in vielen Fällen zu einer Beeinflussung der Formbildung. Beispielsweise zeigen die in allen Mittelmeerländern verbreiteten Opuntien nur dann die typischen Flachsprosse, wenn sie belichtet werden; im Dunkeln bilden sie – wie die meisten Kakteen – runde Sprosse aus.

Auch der Übergang von der Ausbildung grüner Blätter zur Blütenbildung ist an Belichtung gebunden. Dabei spielt neben der spektralen Zusammensetzung des Lichtes vor allem der tägliche Licht-Dunkel-Rhythmus eine entscheidende Rolle. Der Biologe spricht hier von „Photoperiodismus". Dieser steuert auch den herbstlichen Laubfall. Lang- und Kurztagsformen gibt es nicht nur bei Pflanzen; auch die meisten Tiere reagieren – z. B. in ihrem Fortpflanzungsverhalten (Brunftzeit) – auf die herrschende Tageslänge.

Die höchste Vollendung der Verarbeitung von Lichtsignalen finden wir in der Netzhaut (Retina) der tierischen Augen. In deren Zellen bewirkt das einfallende Licht die Umlagerung eines speziellen Moleküls, des sog. Retinals. Mit dieser Startreaktion beginnt eine Kette von Prozessen,

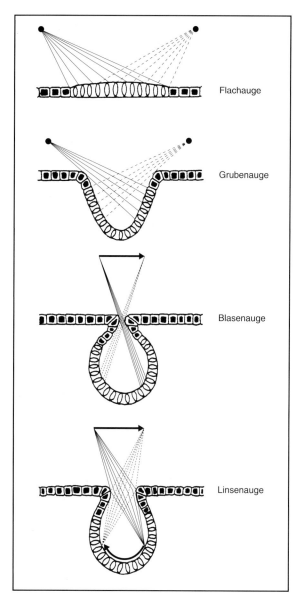

in deren Verlauf elektrische Signale ausgelöst werden, welche die Wahrnehmung einer elektromagnetischen Schwingung als „Licht" ermöglichen.

Lichtempfindliche Pigmente können einer Zelle nur die Information hell-dunkel vermitteln. Isolierte Sinneszellen finden sich z. B. in der Haut des Regenwurms. Selbst wenn mehrere Lichtsinneszellen zu einer flachen Schicht zusammentreten, ändert sich daran nichts. Sobald aber das lichtempfindliche Gewebe eingesenkt wird, ist der Organismus zum Richtungssehen befähigt (Abb. 7). Wird die Öffnung eines solchen Grubenauges zu einem Loch verengt, so wird – wie bei einer einfachen Kamera – auf der lichtempfindlichen Schicht ein seitenverkehrtes Bild entworfen.

Mehrfach im Verlaufe der Stammesgeschichte ist eine derartige „Lochkamera" durch eine Linse verschlossen worden. Auf diese Weise kommt es auf dem Augenhintergrund zu einer scharfen Abbildung der Umwelt (Bildsehen). Beim menschlichen Auge (Abb. 8) ist zwischen die Linse und die lichtempfindliche Schicht (Netzhaut, lateinisch: Retina) ein Glaskörper eingeschaltet. Beim ausgeruhten Auge reichen 50 Photonen grünen Lichts aus, um einen Lichteindruck zu vermitteln. Diese Zahl sagt indessen

*Abb. 7: Entwicklung zum Linsenauge (nach [108], verändert; Erläuterungen siehe im Text).*

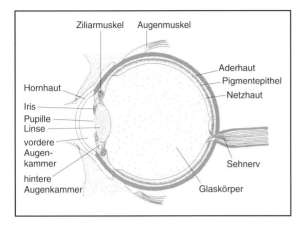

Abb. 8: *Bau des menschlichen Auges (schematisch, nach [17], verändert; Erläuterungen siehe im Text).*

nichts über die Empfindlichkeit der einzelnen Sinneszelle aus: Zahlreiche Quanten gehen durch Reflektion an der Linse bzw. durch Absorption und Streuung im Glaskörper verloren. Das einzelne Element der Retina reagiert bereits auf ein einziges Photon [17]. Die Umsetzung des in den lichtempfindlichen Retina-Elementen (Stäbchen bzw. Zapfen) ausgelösten Signals erfolgt in einem besonderen Zentrum („Sehzentrum") des Gehirns.

Mehrfach im Laufe der tierischen Stammesentwicklung entstanden Netzhäute, in deren Zellen verschiedene Sehpigmente abgelagert werden.

Auf diese Weise ist es vielen Organismen möglich, unterschiedliche Spektralbereiche als „Farben" zu sehen. Dabei ist das menschliche Auge dem „Fenster" der Atmosphäre ausgezeichnet angepaßt. Die maximale Empfindlichkeit der Netzhaut eines ausgeruhten, dunkeladaptierten Auges liegt bei einer Wellenlänge von ~555 nm; wir empfinden diese Strahlung als grünes Licht. Keinesfalls haben aber alle Augen das gleiche Empfindlichkeitsspektrum. So nehmen z. B. Bienen kein Rotlicht wahr, statt dessen aber einen Teil des Ultraviolett (siehe Abschnitt 3.3).

## 3.2 Infrarote Strahlung

Die sonnenbeschienene Erdoberfläche gibt einen Teil der absorbierten Energie in Form von infraroter Strahlung ab. Dieser Wellenlängenbereich wirkt sich als Wärme aus. Da er sowohl vom Wasserdampf als auch von $CO_2$ und einigen anderen Spurengasen wie dem Methan absorbiert wird, üben diese Atmosphärenbestandteile einen deutlichen Einfluß auf die Temperatur der bodennahen Luftschichten aus. Ob die Reabsorption des IR das Klima verändern kann, wird zur Zeit kontrovers diskutiert. Diese Frage ist indessen nicht Gegenstand der Radioökologie.

## 3.3 Ultraviolette Strahlung

### 3.3.1 UV-Wirkungen auf Moleküle

Sofern ein Quant elektromagnetischer Strahlung von einem Molekül absorbiert wird, überträgt es diesem seine gesamte Energie. Ein derart „angeregtes" Molekül kann diese Überschußenergie auf sehr verschiedene Weise nutzen. Sofern es diese nicht an benachbarte Moleküle weitergibt – wie dies beim Chlorophyll und dessen Begleitfarbstoffen der Fall ist –, kann es dadurch wieder in den energieärmeren „Grundzustand" zurückkehren, daß es die Anregungsenergie in Form von Wärme abgibt; es kann diese aber auch als Strahlungsquant emittieren; wir sprechen dann von Fluoreszenz.

Weit wichtiger sind jene Photoreaktionen, bei denen das angeregte Molekül eine chemische Veränderung erfährt. Im einfachsten Falle kommt es zu einer räumlichen Umlagerung. Im energiearmen Grundzustand verhindert eine Kohlenstoff-Kohlenstoff-Doppelbindung eine Rotation der durch sie verknüpften Molekülteile. Angefügte Substituenten können daher unterschiedlich orientiert sein; der Chemiker unterscheidet die beiden Verbindungen als cis- und trans-Formen voneinander. Wird ein derartiges Molekül jedoch angeregt, so wird die Doppelbindung vorübergehend gesprengt; die Substituenten können um die Verbindungsachse rotieren. Bei Verlust der Anregungsenergie werden sie dann häufig in einer anderen Stellung zueinander fixiert. Dies ist z. B. bei den Sehpigmenten unserer Netzhaut der Fall. Es trifft aber auch für etliche Moleküle zu, die zu ihrer Anregung die energiereicheren Quanten ultravioletter Strahlung benötigen. Das bekannteste Beispiel ist die Umwandlung des Ergosterins in das antirachitisch wirksame Vitamin D (siehe Abschnitt 3.3.4.1). Diese Transformation erfolgt nicht nur im Reagenzglas; sie spielt sich auch in der belichteten menschlichen Haut ab. In anderen Fällen tauschen angeregte Moleküle mit Nachbarmolekülen Elektronen aus; sie können dadurch sowohl eine negative wie eine positive Überschußladung annehmen.

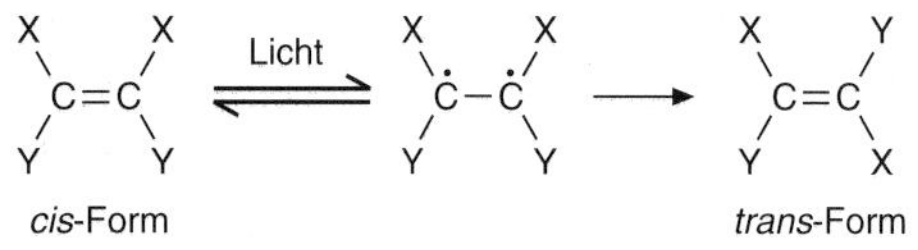

Die Überschußenergie, welche ein Molekül durch die Absorption eines UV-Quants aufnimmt, ist so groß, daß es in vielen Fällen zu einer Spaltung der angeregten Moleküle kommt. Dies ist besonders verhängnisvoll bei der UV-Bestrahlung von Nukleinsäuren. Wie Abb. 10 zeigt, besitzen die Nukleinsäuren ein

*Abb. 9: Umlagerung eines angeregten Moleküls (Erläuterungen siehe im Text).*

## Ultraviolette Strahlung

mikrobiologischen Praxis zur Sterilisierung von Arbeitsräumen und -geräten genutzt werden. Daß sich die hohe UV-Empfindlichkeit einiger Bakterien auch segensreich auswirken kann, zeigte schon zu Beginn dieses Jahrhunderts der dänische Arzt Niels Finsen: Sonnenlicht inaktiviert den Erreger des Lupus, einer gefährlichen Form der Haut-Tuberkulose.

### 3.3.2 Photochemie in der bodennahen Luftschicht

Während $SO_2$ schon beim einfachen Verbrennen von Kohle und Erdöl entsteht, bilden sich Stickoxide erst bei hohen Temperaturen. Die Hitzegrade, die wir bei der Verfeuerung fossiler Brennstoffe in Öfen und offenen Kaminen erzielen, reichen i.a. nicht aus, um das reaktionsträge Element Stickstoff mit Sauerstoff zu verbinden. Ganz anders dagegen die Brennkammern in modernen Kraftwerken. Erhebliche Mengen an Stickoxiden produzieren wir auch in den Verbrennungsmotoren unserer Kraftfahrzeuge; dadurch wird der Straßenverkehr zur Hauptquelle der atmosphärischen $NO_x$-Verunreinigung. In der Bundesrepublik lag die Menge der freigesetzten Stickoxide 1994 bei etwa 2,21 Millionen Tonnen (gegenüber 2,95 Millionen Tonnen im Jahre 1986) [123]. Dabei beträgt der Anteil des Kraftfahrzeugverkehrs an der $NO_x$-Produktion derzeit ~50% (1966 wenig mehr als 30%) [123].

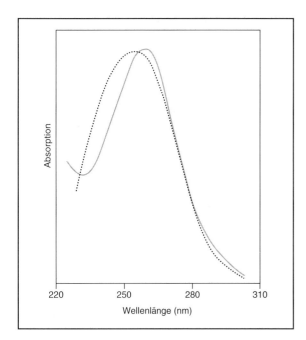

*Abb. 10: Absorptionsspektrum der Desoxyribonukleinsäure (—) im Vergleich zu dem des Ozons (····); nach [17], verändert.*

Absorptionsspektrum im Bereich des energiereichen UV-B. Daher werden UV-bestrahlte Zellen geschädigt. Dieser Schaden kann sich in einer Veränderung der genetischen Information, einer „Mutation", äußern (siehe Abschnitt 5.5.1); es kann aber auch zum Absterben des bestrahlten Organismus kommen. Man macht davon bei den Keimtötungslampen Gebrauch, die in der

Ohne Frage trägt diese anthropogene Kontamination ganz wesentlich zur Entstehung des Smog bei (siehe Abschnitt 3.5), und sicherlich geht die Ansäuerung der Niederschläge („saurer Regen") nicht zuletzt auf Stickoxide ($NO_x$) zurück. Da es sich bei diesen Verbindungen – anders als bei den unlöslichen FCKW – um wasserlösliche Moleküle handelt, gelangt nur ein kleiner Prozentsatz durch die Wolkendecke in die Stratosphäre. Völlig anders hingegen ist die Situation bei den Abgasen der Flugzeuge [139, 144]. Zwar wird dem zivilen Luftverkehr in der Bundesrepublik nur ein Anteil von etwa 2 % am Aufkommen der Stickoxide zugeschrieben. Dabei darf aber nicht übersehen werden, daß beträchtliche $NO_x$-Mengen in großen Höhen – weit oberhalb der Wolkendecke – freigesetzt werden. Diese Moleküle steigen in die kritischen Stratosphärenschichten auf und tragen dort zum Ozonabbau bei.

### 3.3.3 Ozonschild

Die heutige Atmosphäre ist deutlich geschichtet (Abb. 1). Dabei ergibt sich in 90 km Höhe ein Absinken der Temperatur bis auf Werte um −90 °C. Das photochemisch gebildete Ozon reichert sich im wesentlichen zwischen den Temperatur-Umkehrschichten zwischen der Stratopause und der Tropopause an; etwa 90 % dieses Moleküls lassen sich in der Stratosphäre nachweisen. Dabei liegt das Konzentrationsmaximum mit 10 ppm (entsprechend etwa 20 mg/m$^3$) in einer Höhe von ∼ 30 km [45]. Ein Gürtel minimaler $O_3$-Konzentration erstreckt sich zwischen 10 °S (entsprechend der Nordspitze von Australien) und 15 °N (entsprechend der Lage von Mittelamerika).

### 3.3.4 Biologische UV-Wirkungen

Als starkes Oxidationsmittel zerstört Ozon viele empfindliche Kohlenstoffverbindungen, die sich in besonders großen Konzentrationen in den Membranen aller Zellen finden. Junge Fichtennadeln können das $O_3$ weitgehend zersetzen. Sie bilden dazu eine Reihe von stark reduzierenden Inhaltsstoffen wie z.B. Ascorbinsäure. Offenbar aber verlieren ältere Nadeln diesen „Selbstschutz-Mechanismus".

#### 3.3.4.1 *UV-Wirkungen auf die Haut*

Die Haut bildet die Schutzschicht des menschlichen Körpers. Sie grenzt ihn gegen die umgebende Atmosphäre sowie gegen die Hohlräume seines Körperinnern (Schleimhäute des Magen-Darms-Trakts und des Bronchialsystems) ab. Im folgenden Text soll allein die Außenhaut betrachtet werden. Die Abbildung 11 gibt eine schematische Darstellung ihres mehrschichtigen Aufbaus.

Den äußersten Abschluß bildet die Oberhaut; sie ist von einer Hornschicht bedeckt, die sich in

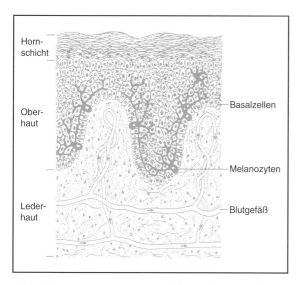

Abb. 11: Bau der menschlichen Haut (schematisch, nach [17], verändert; Erläuterungen siehe im Text).

ebenso wie die Haarwurzeln – im Unterhaut-Fettgewebe.

Geringe UV-B-Dosen können durchaus gesundheitsfördernd sein. Ein gut untersuchtes Beispiel ist die Synthese des antirachitisch wirksamen Vitamins D. In der unbelichteten menschlichen Haut befindet sich nur dessen unwirksame Vorstufe, das Ergosterin. Dieses Steroid wird mit der pflanzlichen Nahrung aufgenommen. Erst bei Anregung durch UV-Quanten geht diese Verbindung unter Spaltung eines Rings in die biologisch wirksame Form über (Abb. 12). Diese Reaktion läuft auch im Reagenzglas ab; es ist daher möglich, das betreffende Provitamin aus pflanzlichen Geweben zu isolieren, dieses dann photochemisch umzuwandeln und das aktive Vitamin der Nahrung zuzusetzen. Im Gegensatz dazu können viele andere UV-absorbierende

Form von toten Schuppen ablöst. Ihre innerste Schicht wird von den sog. Basalzellen gebildet, zwischen die einzelne Melanozyten eingelagert sind. Diese beiden Zelltypen können durch übermäßige UV-Bestrahlung zu krebsartigem Wachstum veranlaßt werden. Unterhalb der Oberhaut befindet sich das mehrlagige Gewebe der Lederhaut, die von zahlreichen Blutgefäßen versorgt wird; sie ist zugleich Sitz der Talgdrüsen und wird sowohl von den Ausführgängen der Schweißdrüsen als auch von den Haaren durchsetzt. Die Schweißdrüsen selbst liegen –

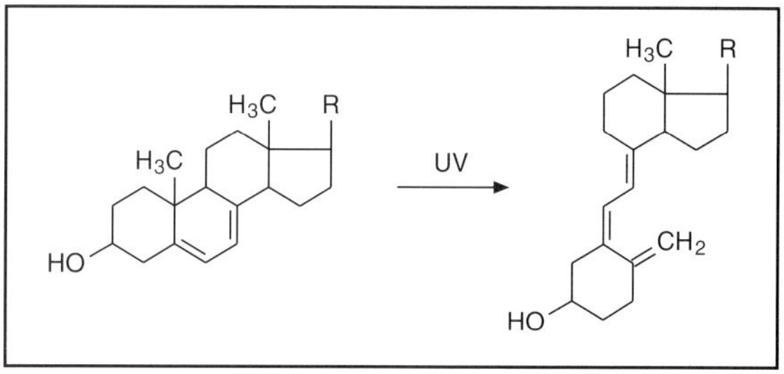

Abb. 12: UV-induzierte Umlagerung des Ergosterins in das biologisch aktive Vitamin D (R = Substituent, nach [17], verändert).

Substanzen innerhalb der Haut durch Sonnenlicht in Verbindungen umgewandelt werden, die schwerste gesundheitliche Schäden verursachen.

Wer seine Haut, sei dies im Freibad, im Hochgebirge oder auch in einem Solarium, intensiver UV-B-Bestrahlung aussetzt, zieht sich einen sog. „Sonnenbrand" zu. Dabei ist zwischen zwei Reaktionen zu unterscheiden: In einer ersten, innerhalb weniger Minuten ablaufenden Phase kommt es zu einer Oxidation der in der Haut bereits vorhandenen Pigment-Vorstufen zum eigentlichen Farbstoff, dem Melanin. Eine gleichzeitige Gefäßerweiterung führt zudem zu einer stärkeren Durchblutung tieferer Schichten; dies äußert sich in einer Rötung der Haut. Dieser Begleitprozeß ist allerdings keine Reaktion auf UV; er wird auch durch längerwellige Strahlung bis hin zu Wellenlängen um 600 nm (entsprechend hellrotem Licht) ausgelöst. Die zweite, sehr viel langsamere Phase wird durch UV-Strahlung in einem Wellenlängenbereich unterhalb von 320 nm verursacht; erst sie führt zur Neubildung von Pigment und damit zu einer dauerhaften Sonnenbräune. Eine wiederholte UV-B-Bestrahlung kann zum vorzeitigen Altern der Haut führen [49]; schließlich entstehen Krebsvorstufen. Menschen, die ihre Haut in der Jugend allzu häufig intensiver Sonneneinstrahlung ausgesetzt haben, laufen Gefahr, später — in der Regel erst in einem Alter von mehr als 30 Jahren — an Hautkrebs zu erkranken.

Der „normale" Sonnenbrand entspricht der Reaktion gesunder Haut. Von ihm zu unterscheiden sind die verschiedenen „Lichtkrankheiten", die vor allem dann auftreten, wenn die Haut durch eingelagerte licht- und/oder UV-absorbierende Verbindungen „sensibilisiert" wird. Dies kann beispielsweise dann erfolgen, wenn der rote Blutfarbstoff abgestorbener Erythrozyten infolge eines Enzymdefekts nicht abgebaut wird. In diesem Fall werden farbige Zersetzungsprodukte (Porphyrine) ausgeschieden; ein Teil von diesen gelangt auch in die Haut. Menschen, die unter einer derartigen Porphyrie leiden, sind extrem lichtempfindlich. Unter einer erblichen Form der Porphyrie litten viele Angehörige europäischer Königshäuser, u.a. Maria Stuart und Friedrich der Große.

Sehr viel häufiger geraten sensibilisierende Verbindungen mit Kosmetika oder auch durch Medikamente in die Haut. So enthalten die Blätter vieler Doldenblütler (Karotten, Pastinak u.a.) sog. Furocumarine [119], die mit Pflanzenextrakten in viele Parfüms eingebracht werden und unter Sonneneinstrahlung bei empfindlichen Personen einen Hautausschlag, die sog. „Kölnisch-Wasser-Dermatitis", auslösen können. Unter den Arzneimitteln vermögen vor allem etliche Sulfonamide die Haut zu sensibilisieren. Einen ganz ähnlichen Effekt zeigen einige synthetische Farbstoffe. So mußte der Zusatz von Eosin (Farbstoff der roten Tinte) zu Lippenstiften verboten werden, nachdem sich gezeigt hatte, daß viele Menschen durch dieses Pigment lichtempfindlich werden [17].

Wie zahlreiche andere Körperzellen, so können auch die Zellen der Haut zu Krebszellen entarten. Je nach der Zellschicht, in der es zur Tumorbildung kommt, unterscheidet man verschiedene Krebsformen, so das Plattenepithel- und das Basalzell-Karzinom. Wegen ihrer Neigung, entartete Zellen in die Blut- und Lymphbahnen zu entlassen, sind die aus den Melanozyten der Lederhaut entstehenden, stark pigmentierten Melanome besonders gefürchtet. Sie lassen sekundär in verschiedenen Organen Metastasen entstehen. Seit vielen Jahren ist eine Häufung von Hautkrebs bei Personen bekannt, die bei starker Sonneneinstrahlung mit bloßem Oberkörper arbeiten, so insbesondere bei Seeleuten. Leider hat auch die bedenkenlose Exposition der ungebräunten Haut an stark besonnten Stränden, im Hochgebirge und in Solarien die Krebshäufigkeit weltweit ansteigen lassen, in den USA um ~ 4 % [49].

Es läßt sich abschätzen, daß ein Abbau des Ozonschildes (siehe Abschnitt 3.4) um nur 10 % die Zahl der Plattenepithel-Karzinome um 80 % steigern, die der Basalzell-Karzinome sogar verdoppeln würde [49]. Bei einem Anstieg der UV-B-Intensität ist vor allem mit einer weiteren Zunahme der gefürchteten Melanome zu rechnen. Dabei existiert – ebenso wie bei der Einwirkung radioaktiver Strahlung (siehe Abschnitt 5.5.1) – keine Toleranzschwelle.

Nach Ansicht einiger Mediziner liegt einer der Gründe für das erhöhte Auftreten von Hautkrebs in einer durch UV-Einstrahlung verminderten Immunabwehr des menschlichen Körpers. Sollte sich diese in jüngster Zeit wiederholt geäußerte Befürchtung bewahrheiten, so würde der Mensch durch eine UV-Schädigung gegenüber Infektionen der verschiedensten Art anfälliger.

#### 3.3.4.2 *UV-Wirkungen auf das menschliche Auge*

Wer von einer Bergwanderung oder vom Skilaufen in stark besonntem Gelände heimkehrt, wird oft über Sehstörungen klagen. Diese „Schneeblindheit" klingt i.a. innerhalb weniger Tage folgenlos ab [49]. Eine Steigerung der UV-Einstrahlung erhöht aber das Risiko, später an einem Katarakt („grauer Star") zu erkranken. Man versteht darunter eine Eintrübung der Augenlinse und des sog. Glaskörpers, die sich nur durch einen operativen Eingriff beheben lassen.

## 3.4 Das „Ozonloch"

Seit einigen Jahren haben Ballonaufstiege und Messungen durch Satelliten und Raumsonden gezeigt, daß die stratosphärische Ozonschicht dünner wird. Zwischen 30 und 64 °N nahm die $O_3$-Konzentration von 1969 bis 1986 um 1,7 bis

## 34 Energieform Licht

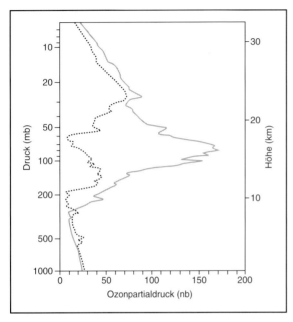

Abb. 13: Ozonabbau über der Antarktis (nach Messungen [74] der US-amerikanischen Beobachtungsstation bei McMurdo 78°S; Erklärungen siehe im Text).

3 % – während der Wintermonate sogar zwischen 2,3 und 6,2 % – ab [49]. Abb. 13 zeigt diesen Abbau für die US-amerikanische Antarktis-Station McMurdo (78°S). Der niedrigste Wert wurde dort im Oktober 1987 gemessen. Damit entspricht das antarktische „Ozonloch" einer Abnahme von 50 %, zwischen 15 und 20 km Höhe sogar von ~ 95 %.

Dies muß uns befürchten lassen, daß der relative Anteil der ultravioletten Strahlung am einfallenden Sonnenlicht ansteigen wird. Daher stellen sich Biologen und Mediziner die besorgte Frage, inwieweit dieser Spektralbereich eine Belastung der Biosphäre bedeutet. Bereits bei einem Abbau von nur 1 % des stratosphärischen Ozons sollte der UV-B-Spiegel an der Erdoberfläche um 2 % ansteigen [74]. Allerdings wurde seit 1974 nirgends ein solcher Anstieg beobachtet. Dieses zunächst sehr überraschende Ergebnis zahlreicher Messungen dürfte vermutlich damit zu erklären sein, daß die zunehmende Verunreinigung der unteren Atmosphäre (an der die ultraviolette Strahlung stark gestreut wird) den Effekt der Ozonzerstörung kompensiert.

### 3.4.1 Photochemischer Ozonabbau

Aus vielen natürlichen Quellen (Vulkanen u.a.) werden die höheren Schichten der Erdatmosphäre immer wieder mit Schadstoffen belastet. Auch kommt es unter dem Einfluß ungewöhnlich starker Sonnenaktivität zum partiellen Ozon-Abbau. Niemand zweifelt aber noch daran, daß der Abbau des stratosphärischen Ozonschildes im wesentlichen vom Menschen verschuldet ist. Zusammen mit den Abgasen der Kraftfahrzeuge verunreinigen immer mehr Produkte unserer chemischen Industrie die Lufthülle der Erde. Soweit diese nicht vom Regen ausgewaschen werden, steigen sie mit unterschiedlicher

Geschwindigkeit in die höheren Atmosphärenschichten auf.

Besondere Aufmerksamkeit hat man in den vergangenen Jahren den fluorierten Chlorkohlenwasserstoffen (abgekürzt: FCKW) geschenkt. Der erste Vertreter dieser Verbindungsklasse wurde 1929 in den Laboratorien von General Motors synthetisiert [49]. Damals erkannte man, daß es sich bei diesen halogenierten Verbindungen um geruchlose, unbrennbare und ungiftige Substanzen handelt, durch die man die bis dahin gebräuchlichen stark riechenden Kühlmittel (vor allem Schwefeldioxid und Ammoniak) ersetzen konnte. Diese Eigenschaften ließen die FCKW in der Folgezeit zu den bevorzugten Kühlflüssigkeiten werden, die wir heute in praktisch allen Kühl- und Klimaanlagen finden – bis hin zu den Millionen Haushalts-Kühlschränken und -truhen.

Eine zweite Anwendung fanden die FCKW alsbald in der Kunststoffindustrie. Durch Einblasen in verschiedene plastische Massen lassen sich diese „verschäumen", d.h. zu Stoffen mit sehr großem Porenanteil aufblasen. Die Produkte erlangen dadurch ein sehr geringes spezifisches Gewicht. Ihre geringe Wärmeleitung qualifiziert entsprechende Kunststoffplatten überdies für die Wärmedämmung. Besonders geeignet sind die sog. Polyurethanschäume; durch sie enthält ein moderner Kühlschrank 4- bis 5mal mehr FCKW als in seinem Kühlmittelvorrat [49]. Auch für Verpackungen empfindlicher Geräte – vom Fernseher bis zum Computer – werden zunehmend verschäumte Kunststoffe verwendet, zumal diese sich leicht in jede gewünschte Form pressen lassen und gut zu bearbeiten sind. Ihrer Unbrennbarkeit wegen wurden die ungiftigen FCKW alsbald auch als Druckgase in Sprühdosen aller Art eingesetzt. Es ist daher nicht verwunderlich, daß die Weltjahresproduktion dieser Stoffklasse bis heute auf mehr als 1 Million Tonnen anstieg [49]. Erst unter dem Eindruck der beunruhigenden Ozonzerstörung kümmerte man sich um das photochemische Verhalten dieser Verbindungen. Tatsächlich werden diese in der Troposphäre extrem langlebigen Moleküle unter dem Einfluß von UV gespalten. Dabei werden ozonzersetzende Chlor-Atome freigesetzt.

Vor dem Einsatz der FCKW dürfte die Stratosphäre nur 0,6 ppb Chlor enthalten haben; bis heute ist dieser Gehalt jedoch auf 2,5 bis 3,0 ppb angewachsen [49]. Dabei steigen die am Erdboden freigesetzten, relativ schweren Moleküle der FCKW nur sehr langsam in höhere Atmosphärenschichten auf; Moleküle, die heute in die bodennahe Luftschicht entlassen werden, erreichen die kritische Reaktionszone der Stratosphäre frühestens nach zehn Jahren. Das aber bedeutet: Würden wir die Verwendung der FCKW unverzüglich einstellen, so müßten wir dennoch davon ausgehen, daß noch über mehr als ein Jahrzehnt ozonzerstörende Kohlenwasserstoff-Derivate in die Stratosphäre gelangen.

Die unter der Einwirkung des UV freigesetzten Chlor-Radikale[3] reagieren mit dem dreiatomigen Sauerstoff (Ozon); sie spalten dessen Molekül nach der Gleichung:

$$O_3 + Cl^· \rightarrow O_2 + ClO^·$$

Ein anderer Teil des Ozons wird bereits durch Quanten sichtbaren Lichts unter Freisetzung atomaren Sauerstoffs zersetzt:

$$O_3 \rightarrow O_2 + O^·$$

Unter den beiden sauerstoffhaltigen Spaltprodukten kommt es zur Folgereaktion:

$$ClO^· + O^· \rightarrow Cl^· + O_2$$

Die ClO$^·$-Radikale werden außerdem noch durch die Reaktion

$$2\ ClO^· \rightarrow Cl_2O_2 \rightarrow 2\ Cl^· + O_2$$

umgesetzt. Zusätzlich existiert eine synergistische Wirkung zwischen Chlor- und Brom-Radikalen. Da das Chlor aus diesen Umsetzungen unverändert hervorgeht, wirkt es nur als Katalysator; es setzt eine Kettenreaktion in Gang, in die ein Cl-Atom bis zu 100.000mal eingreifen kann [49].

Auf den ersten Blick mag es unverständlich erscheinen, daß der stärkste Ozonabbau gerade über der Antarktis, somit über einem Gebiet erfolgt, in dem die anthropogene Verunreinigung der Luft – auch durch FCKW – am geringsten ist. Diese oft als Widerspruch empfundene Tatsache ist darauf zurückzuführen, daß sich in diesen besonders kalten Schichten säurehaltige Eiswolken ausbilden, an deren feinsten Kristallen eine wesentlich beschleunigte Ozonspaltung erfolgt.

Seit 1974 Molina und Rowland die Wirkung der FCKW auf die Ozonschicht erkannten [67], bemühen sich Umweltpolitiker in Ost und West darum, die Industrie – wenn schon nicht zum völligen Produktionsverzicht – zur drastischen Beschränkung von Herstellung und Einsatz dieser gefährlichen Umweltgifte zu veranlassen. Immerhin betrug die weltweite Produktion der als besonders gefährlich eingeschätzten Verbindungen Trichlorfluormethan $CFCl_3$ (FCKW 11) und Dichlordifluormethan $CF_2Cl_2$ (FCKW 12) bereits im Jahre 1974 mehr als 800.000 t; sie dürfte bis heute nicht abgenommen haben [54]. Genaue Zahlen sind leider nicht zu erfahren. Zum einen liegen keine verläßlichen Daten über die FCKW-Produktion in den osteuropäischen Staaten vor, zum anderen weigerten sich „aus Wettbewerbsgründen" bisher auch die deutschen Hersteller, ihre Produktionszahlen bekannt zu geben. Immerhin dürfte die FCKW-Produktion in der Bundesrepublik in einzelnen Jahren die Menge von 110.000 t – nach anderen Angaben sogar von 125.000 t – überschritten

---

[3] Unter Radikalen versteht der Chemiker Atom- oder Molekülbruchstücke, bei denen keine elektrostatische Überschußladung nachweisbar ist. In der üblichen Formelschreibweise werden sie durch einen hochgesetzten Punkt (z. B. Cl$^·$) gekennzeichnet.

haben [49]; davon waren mehr als die Hälfte für den Export bestimmt. Leider weichen die Angaben der Hersteller von denen des Umweltbundesamtes erheblich ab.

Auf verschiedenen Konferenzen hat sich die Industrie dazu verpflichtet, die Produktionsraten bis zum Jahre 1999 auf die Hälfte zu reduzieren. Schon 1978 wurde in den USA der FCKW-Einsatz in Sprühdosen verboten. Da die Produktion aber ansonsten uneingeschränkt weiterläuft, wobei die betreffenden FCKW lediglich für andere Zwecke verwendet werden, wird dies von vielen als reine Augenwischerei empfunden. China schloß sich den Abkommen nicht an. Seine Vertreter wollen den Entwicklungsländern eine jährliche Verbrauchsquote von 300 g/Kopf zugestehen (in der Bundesrepublik liegt diese Zahl zur Zeit bei $\sim$ 1 kg/Kopf [49]). In China selbst beträgt der gegenwärtige jährliche FCKW-Verbrauch 20 g/Kopf; er sollte nach Ansicht der chinesischen Delegationsmitglieder bis zum Ende dieses Jahrhunderts aber auf 80–100 g anwachsen dürfen [49].

Chlor ist keinesfalls das einzige Radikal, das Ozon spalten kann. Ganz ähnlich wirkt das Stickoxid-(NO˙)-Radikal; es reagiert entsprechend:

$$NO˙ + O_3 \rightarrow NO_2 + O_2$$

NO˙ entsteht unter dem Einfluß ultravioletter Strahlung aus dem Stickstoffdioxid ($NO_2$), das auf der Erde und in deren Atmosphäre in riesigen Mengen freigesetzt wird. Unabhängig von jeder menschlichen Aktivität entstanden seit jeher beträchtliche Stickoxid-Mengen durch Blitzentladungen. Die dabei gebildeten wasserlöslichen Moleküle werden zu einem Teil durch die Wolken aufgenommen und mit Regen und Schnee in den Boden eingetragen. Sie sind vor allem in den gewitterreichen Tropenregionen eine wichtige Stickstoffquelle für die Vegetation. Durch diese natürlichen Prozesse erreicht der $NO_x$-Gehalt in tropischen Reinluftgebieten aber nur 10 ppt. Die Tatsache, daß in den dicht besiedelten Industriegebieten 1 ppb, d.h. mehr als das 100fache, gemessen werden, zeigt den dominierenden Einfluß anthropogener $NO_x$-Produktion.

Eine weitere Quelle ozonzerstörender Gase sind Vulkanausbrüche, bei denen oft große Mengen an Stickoxiden, aber auch von Salzsäure (HCl) abgegeben werden. So ist es beim Ausbruch des El Chicón (Mexiko 1982) zwischen dem 20. und 40. nördlichen Breitengrad zu einer Zunahme der atmosphärischen HCl-Konzentration um 40% gekommen [113]. Sicherlich haben auch die oberirdischen Atomwaffentests erheblich zum Ozon-Abbau beigetragen, gelangen durch sie doch sehr große $NO_x$-Mengen in die Stratosphäre.

## 3.4.2 Folgen der Ozonschildzerstörung

Viele populärwissenschaftliche Schriften zeichnen wahre Horrorgemälde über die Folgen der Ozonschildzerstörung und der daraus resultierenden Zunahme der UV-Einstrahlung. Sie stützen sich dabei zumeist auf die Ergebnisse von Messungen, die unter Laboratoriums- bzw. Gewächshausbedingungen vorgenommen wurden. Es ist sehr schwierig zu beurteilen, inwieweit diese Beobachtungen auf die Verhältnisse in der freien Natur übertragen werden dürfen. Bis heute konnte jedenfalls keine überzeugende Korrelation zwischen Veränderungen des Strahlungsklimas und der Produktivität der Pflanzenwelt oder aber der Zunahme bestimmter Erkrankungen bewiesen werden. Dies sollte indessen nicht so verstanden werden, als seien die Ergebnisse von Versuchsreihen im Laboratorium nicht relevant; es bleibt aber zu bedenken, daß am natürlichen Standort oft sehr viele Faktoren zusammenwirken, die den Effekt einer einzelnen Veränderung überdecken, gelegentlich sogar überkompensieren können. Wir müssen uns eingestehen, daß wir das Ausmaß einer verstärkten UV-Belastung bis heute schwer abschätzen können; es wäre aber leichtfertig, die Ergebnisse zu ignorieren, die zahlreiche Wissenschaftler in sorgfältig geplanten und ausgewerteten Meßreihen erzielt haben.

Die Folgen übermäßiger UV-Bestrahlung für die menschliche Gesundheit sind im Abschnitt 3.3.4 beschrieben worden. Es wäre indessen eine ebenso unzulässige wie irreführende Vereinfachung, würde man bei einer Betrachtung der Wirkungen ultravioletter Strahlung auf die Biosphäre allein die menschliche Gesundheit berücksichtigen. Der Mensch ist keineswegs der UV-empfindlichste Organismus. Besonders unter den Landpflanzen gibt es viele Arten, die noch sehr viel auffälliger auf UV reagieren [66]. Dazu gehören vor allem die Gräser – unter unseren Kulturpflanzen der Reis und das Getreide. Eine Erhöhung des UV-B-Spiegels müßte, jedenfalls bei vielen der heute angebauten Sorten, zu einer merklichen Ertragseinbuße führen. Nun könnte man unterstellen, daß es den Züchtern rasch genug gelingen dürfte, UV-resistente Sorten auszulesen. Damit sollte sich ein Einbruch der landwirtschaftlichen Erträge vermeiden lassen. Sehr viel problematischer aber ist sicherlich die Schädigung vieler Wildpflanzen. Hier dauert der natürliche Ausleseprozeß sehr viel länger.

Unter den Prokaryonten haben sich die Blaualgen (Cyanobakterien) als besonders UV-empfindlich erwiesen [124]. Diese Mikroorganismen tragen wesentlich zur biologischen Fixierung atmosphärischen Stickstoffs bei. In den Reisfeldern der tropischen und subtropischen Regionen sind sie die wichtigsten natürlichen Stickstofflieferanten. Sollten sie geschädigt werden, so würde sich dies nur durch den Einsatz von kostspieliger Mineralsalzdüngung ausgleichen lassen [122].

Nicht nur Land-, sondern auch Wasserpflanzen werden durch höhere UV-Dosen gefährdet. Zu den empfindlichsten Arten gehören etliche Vertreter des pflanzlichen Planktons, welche die photosynthetische Stoffproduktion der Ozeane bestimmen. Dazu zählen vor allem viele begeißelte Algen, die in den obersten – vom UV-B noch erreichten – Wasserschichten vorkommen. Ihre Zellen werden in ihrer Assimilationsleistung erheblich beeinträchtigt. Dabei gehen mehrere Biologen davon aus, daß gerade diese Plankton-Organismen für 2/3 der photosynthetischen Stoffproduktion der Erde verantwortlich sind.

Während unsere Aktivitäten dazu beitragen, das Ozon in der Stratosphäre zu vermindern, beobachten wir vor allem in den Industrieländern, bei ausgedehnten Steppenbränden aber auch an der westafrikanischen Küste, eine Ozonzunahme in der Troposphäre. Dabei sind die $O_3$-Konzentrationen vor allem in der Nähe der Ballungszentren ständig angewachsen. Im Juli 1976 wurden in Mannheim mehr als 300 ppb Ozon gemessen [58]. Selbst in größerer Entfernung von Städten erweisen sich die $O_3$-Mengen noch als erheblich erhöht. So wurden z.B. in der Lüneburger Heide (1988) mehrfach Stundenmittel von > 120 ppb registriert. Dabei sind viele Forstfachleute noch vor wenigen Jahren davon ausgegangen, daß Fichten bereits durch $O_3$-Konzentrationen von 25 ppb geschädigt werden. Es ist daher nicht erstaunlich, daß man die Ozonanreicherung auch mit dem Waldsterben in Verbindung gebracht hat.

## 3.5 Smog

Das Kunstwort "Smog" leitet sich aus der Zusammensetzung der englischen Vokabeln für Rauch (smoke) und Nebel (fog) her. Man bezeichnet damit eine unter Sonneneinstrahlung entstehende Gasmischung. An ihrer Bildung ist vor allem der UV-B-Bereich beteiligt. Dabei ist streng zwischen zwei verschiedenen Smog-"Typen" zu unterscheiden: Bei hohen $SO_2$-Konzentrationen (ungefilterte Heizungsabgase) entsteht der sog. "reduzierende" Smog. Seine Bildung wird durch tiefe Temperaturen begünstigt. Daher spielt dieser Typ unter den klimatischen Bedingungen Mitteleuropas die Hauptrolle („London-Smog"). Die gefährliche Gasmischung aus Kohlenwasserstoffen und Schwefeldioxid greift vor allem die Bronchien an.

Dagegen entsteht „oxidierender" Smog bei intensiver Sonneneinstrahlung auf ein Gemisch aus Kohlenwasserstoffen und Stickoxiden. Er geht in erster Linie auf den Kraftfahrzeugverkehr zurück. Da seine Bildung durch hohe Temperaturen (optimal 30 °C) gefördert wird, ist er für verkehrsreiche Großstädte in tropischen und subtropischen Regionen charakteristisch („Los-Angeles-Smog"). Er gefährdet die Augen mehr als das Bronchialsystem. Reduzierender wie oxidierender Smog haben Tausende von Menschen das Leben gekostet. Im Dezember 1952 starben allein in London bei einer anhaltenden Smog-

Wetterlage binnen weniger Tage 4.000 Menschen; wenige Jahre zuvor waren im kalifornischen Industriegebiet um Sonora rund 6.000 Personen erkrankt. Diese erschreckenden Zahlen mögen hier nur erwähnt sein, weil die Smog-Häufigkeit unter dem Einfluß erhöhter UV-Einstrahlung zunehmen würde.

## 3.6 Schutzmechanismen gegen UV-Schäden

Wo immer Organismen an Standorten vorkommen, an denen sie – wie im Hochgebirge – einem besonders hohen Anteil an kurzwelliger Strahlung ausgesetzt sind, ermöglichen ihnen spezielle Schutzmechanismen ein Überleben. So bildet z. B. das Edelweiß einen dichten Haarfilz aus, der das auftreffende UV reflektiert und so die tieferliegenden Blattschichten gegen dessen zerstörende Wirkung abschirmt. Andere Pflanzen lagern in ihre äußere Blattschicht, die Epidermis, UV-absorbierende Inhaltsstoffe ein [124].

Viele landlebende Tiere sind durch Hornschuppen (Reptilien) oder durch ihr Haar- bzw. Federkleid gegen UV geschützt. Wo ein solcher Schutz nicht existiert, kommt es zur Ausbildung stark pigmentierter Abschlußgewebe. Arten, die Höhlen, tiefe Bodenschichten oder die Tiefsee bewohnen, sind – ebenso wie viele nachtaktive Tiere – nie der Sonnenstrahlung ausgesetzt. Werden sie belichtet, so sterben etliche schon bei sehr geringen Intensitäten langwelliger Strahlung ab.

# 4 Der nicht-ionisierende Bereich des elektromagnetischen Spektrums

Innerhalb des elektromagnetischen Spektrums beginnt der nicht-ionisierende Bereich beim Infrarot; er erstreckt sich von etwa 1 mm Wellenlänge bis in die Größenordnung von tausend Kilometern. Wenn die Frequenz unter 1 Hertz (abgek.: Hz) absinkt, kann man von einem quasistatischen Feld sprechen.

International wird der Spektralbereich < 1 Hz als „ultra low frequencies" (ULF) bezeichnet. Daran schließen sich die „extremely low frequencies" (ELF) (1–300 Hz) sowie die „very low frequencies" (VLF) (300 Hz–30 kHz) an. Darauf folgen die Hochfrequenzen, die ab 300 MHz bis 300 GHz als Ultrakurzwellen (einschließend „Mikrowellen" und Radar) bezeichnet werden. Dieses weite Strahlungsgebiet mit Photonenenergien zwischen $10^{-14}$ und $10^{-3}$ Elektronenvolt ist unter dem Gesichtspunkt der Umweltbelastung immer stärker in das allgemeine Interesse gerückt, wobei die Sonneneinstrahlung nur bei den Frequenzen zwischen 3 MHz und 6 GHz von Einfluß sein könnte; diese Wellenlängen werden nur zu ~ 20 % in der Erdatmosphäre absorbiert. Das Infrarot und das sichtbare Licht sind für die Lebewesen unverzichtbar; dagegen birgt das Ultraviolett etliche Gefahren (siehe Abschnitt 3.3.4).

Abgesehen von der natürlichen Radioaktivität (siehe Abschnitt 5.2), werden alle anderen biologischen Wirkungen elektromagnetischer Felder, 1891 durch Nicola Tesla (1856–1943) und Jacques Arsene D'Arsonval (1851–1940) entdeckt, durch zivilisatorische Strahlungsquellen verursacht. Bei den ELF sind es zumeist die mit Netzfrequenzen betriebenen Geräte, Maschinen, Transformatoren, Hochspannungsleitungen usw.; im VLF sind es Rundfunksender, weiterhin Fernseh- und Videogeräte sowie Radaranlagen. In vielen Haushalten und an zahlreichen Arbeitsplätzen befinden sich starke Anhäufungen solcher „Strahler"; sie bestimmen das elektromagnetische Klima. Aber auch elektrostatische Felder müssen berücksichtigt werden, was seit den 60er Jahren in steigendem Maße zu Untersuchungen von der Zelle bis zum Menschen geführt hat.

Ein elektrisches Feld bildet sich bei Aufladung zweier paralleler Kondensatorplatten der Kapazität C $\left(= \dfrac{Q}{U}\right)$ mit entgegengesetzten Ladungen.

*Tab. 3: Verwendete Größen und deren Einheiten.*

| Größe | Symbol | Einheit | Abkürzung |
|---|---|---|---|
| Stromstärke | I | Ampere | A |
| Spannung | U | Volt | V |
| Ladung | Q | Coulomb | As |
| (Ampere s) | | | |
| Kapazität | C = Q/U | Faraday | As/V |
| Feldstärke (elektr.) | E | | V/m |
| Widerstand | Ω | Ohm | U/A |
| Leitwert | S | Siemens | A/U |
| Energie | E | Joule | J |
| Kraft | N | Newton | E/m |
| Leistung | E/t | Watt | J/s |
| Wellenlänge | λ | Meter | m |
| Frequenz | ν | Hertz | Hz |

Die Ladung pro Flächeneinheit Q/F ist durch die elektrische Feldkonstante $\varepsilon_o$ verbunden mit der Feldstärke $E = Q/F \cdot \varepsilon_o$. Sie wird in Volt/m oder Volt/cm angegeben. Beim Ladungsausgleich zwischen kurzgeschlossenen Platten wird eine Stromstärke I (in Ampere, abgek.: A) gemessen, deren Fluß den Aufbau eines Magnetfeldes um den Leiter bedingt. Für die magnetische Feldstärke gilt analog:

$$H = B/\mu_o = A/m,$$

wobei $\mu_o$ die magnetische Feldkonstante und B die magnetische Induktion darstellen. Üblicherweise wird ein Magnetfeld B gemessen in Tesla (abgek.: T):

$$1 \text{ Tesla} = 10^4 \text{ Gauß}.$$

Weiterhin finden sich vielfach Angaben über die Kapazität des Kondensators (Q/V = A/V·s) sowie über die relevanten Energiebeträge in 1 Joule = 2,78 kWh = $6,24 \times 10^{-18}$ eV, manchmal auch über die Leistung, d. h. den Quotienten Energie/Zeit, gemessen in Watt, wobei 1 Watt (Volt·Ampere) = 1 J/s. Bei sehr kleinen Energien wird auch die Einheit Elektronenvolt (abgek.: eV) verwendet, wobei

$$1 \text{ eV} = 1,6 \cdot 10^{-19} \text{ J}.$$

Die Wellenlänge λ einer Strahlung wird in Metern (oder entsprechenden Bruchteilen bzw. Vielfachen) angegeben, die Frequenz ν in Schwingungen pro Sekunde. Diese Einheit trägt die Bezeichnung Hertz. Der elektrische Widerstand, d. h. der Quotient Spannung/Stromstärke, wird in Ohm (abgek.: Ω) gemessen.

Die Änderung eines elektrischen Feldes ist immer mit dem Entstehen eines magnetischen Feldes verknüpft, wobei dieses nur durch Weicheisen wirksam abgeschirmt werden kann. Zeitliche und räumliche periodische Änderungen der elektrischen und magnetischen Feldstärken breiten sich als elektromagnetische Wellen im Raum aus. Diese – auch als Funkwellen oder Hertzsche Wellen (λ = 1 mm bis 10 km) bezeichneten – Schwingungen breiten sich mit Lichtgeschwindigkeit im Raum aus. Dabei durchdringen sie Isolatoren, werden aber durch elektrisch leitende Substanzen abgeschirmt.

Für Laborversuche haben sich wechselstromdurchflossene Spulen nach Helmholtz (siehe S. 51) zur primären Erzeugung eines Magnetfeldes und sekundär eines induzierten Stromes in der Probe bewährt. Hierbei können hochfrequente Schwingungen durch niederfrequente Wellen moduliert werden.

## 4.1 Biologische Wirkungen nicht-ionisierender Strahlungen

Im Vordergrund der Diskussionen um strahlenbedingte Umweltgefahren für den Menschen stehen diejenigen Frequenzbereiche, die unsere Sinne wahrnehmen können, unterstützt z.B. durch quantitative chemische und optische Analysenmethoden. Daher werden sie allgemein bewußt, und man kann sich gegen viele dieser Agentien und Einflüsse schützen oder ihre Wirkungen durch Vorsorge vermindern.

In jüngster Zeit ist man nun aber durch physikalische und bioelektrochemische Messungen auf intensive magnetische und elektromagnetische Felder aufmerksam geworden, die in Lebewesen einzudringen vermögen, ohne von diesen wahrgenommen zu werden [48, 114]. Bei den künstlichen Feldern können nach Dauereinwirkung mannigfaltige gesundheitliche Schäden auftreten. Daher müssen diese heimtückischen Gefahrenquellen rechtzeitig erkannt und – wenn möglich – abgeschirmt werden.

Die vorliegende Darstellung vermittelt einen Einblick in die Entstehung sowie in die Eigenschaften und Wirkungen künstlicher Felder auf Lebewesen und Einzelzellen im Vergleich zu natürlichen Feldern in der Biosphäre unserer Erde. Ein Aspekt betrifft die zahlreichen physiologischen und psychischen Phänomene bei Lebewesen in Beziehung zu veränderten biochemischen Reaktionen innerhalb der Zelle. Vorab muß jedoch betont werden, daß dieses relativ neue Gebiet der Ökologie aufgrund seiner Komplexität und seiner Verflechtung mit anderen Einflüssen nicht frei von widersprüchlichen Ergebnissen ist. Die Effekte wurden in steigendem Maße außer von amerikanischen vor allem von russischen Laboratorien seit den sechziger Jahren systematisch erforscht und statistisch ausgewertet. In anderen Ländern haben umfassende Untersuchungen eben erst begonnen [9, 14, 25, 26, 30, 80, 106].

Seit dem 19. Jahrhundert sind der Elektrophysiologie einerseits körpereigene Stromquellen bekannt – erinnert sei an „elektrische" Fische, Elektrokardiogramme, Elektroenzephalogramme –, andererseits bedient sich die Medizin der Elektrolunge, der Elektrotherapie mit den Methoden der Diathermie, Kurzwellen- und Elektroschock-Behandlung, der Elektroakupunktur usw. [12]. In den folgenden Abschnitten stehen im Vordergrund die unvermeidlichen natürlichen sowie die anthropogenen magnetischen und elektromagnetischen Felder in der Umwelt sowie deren experimentelle Nachahmung und Testung an Versuchstieren und einzelnen Zellen im Laboratorium. Hieraus lassen sich die bislang festgelegten Sicherheitsgrenzen für Feldeinwirkungen auf den Menschen am Arbeitsplatz und zu Hause exakter und differenzierter bestimmen.

### 4.1.1 Natürliche äußere Felder und ihre Wirkung auf den Menschen

Spätestens seit dem Auftreten der ersten landbewohnenden Organismen sind die Lebewesen außer der Gravitation auch dem Magnetfeld der Erde und den atmosphärischen elektrischen Feldern ausgesetzt gewesen. Dabei kam es zu ständigen Wechselwirkungen mit deren inneren elektrischen Feldern – z.B. Aktionsströmen der Nerven, Muskel- und Gehirnströmen, Biopotentialen elektrischer Fische –, auf die in diesem Zusammenhang nicht eingegangen wird. Es sollen nur einige wenige Wirkungen erdmagnetischer und atmosphärischer Felder auf den Menschen vorgestellt werden.

Bekanntlich besitzt die Erde als Ergebnis u.a. von magnetohydrodynamischen Vorgängen im Erdkern ein periodisch schwankendes Magnetfeld. Dessen Feldstärke beträgt am magnetischen Pol (vertikal) 67 µT, am Äquator (horizontal) 33 µT. Zum Vergleich: Bei Haushaltsgeräten werden zwischen 0,03 und 4 mT, unter Hochspannungsleitungen etwa 5 mT gemessen. Extremwerte ergeben sich (bis zu 50 mT) neben einer Aluminiumschmelze.

Dieses erdmagnetische Feld wird durch Eruptionen auf der Sonnenoberfläche („Flares"), im Abstand von elf Jahren periodisch gehäuft, und die Teilchenstrahlung (Elektronen und Protonen, den sog. „Sonnenwind") beeinflußt. Sie besitzt als Magnetosphäre zwischen dem interplanetaren Raum und der Ionosphäre der Erde eine kometenartige Form. Als Energiezwischenspeicher in die Atmosphäre und Troposphäre hineinwirkend, verursacht sie beträchtliche Störungen (Nordlichter), nicht zuletzt durch Elektronenströme von $\sim 10^6$ A mit Magnetfeldern von $10^{16}$ J. Damit in Verbindung stehen auch die hohen Spannungen bei Gewittern. Während bei schönem Wetter zwischen Erdoberfläche und Ionosphäre $\sim 300$ kV gemessen werden, sind Gewitterwolken auf $\sim 10$ MV Hochspannung elektrisiert; sie werden durch Blitze mit jeweils bis zu 10 kA Stromstärke entladen [81]. Damit verbunden ist die Aussendung elektromagnetischer Wellen (sog. „Atmospherics") im ELF-, ULF- und VLF-Bereich. Besonderes Interesse verdienen darunter Frequenzen < 25 Hz. Wie das Elektroenzephalogramm erkennen läßt, treten Schwingungen vergleichbarer Frequenzen auch im Gehirn auf.

Gewitterentladungen führten zur Entdeckung der tierischen Elektrizität durch den italienischen Arzt Luigi Galvani (1737–1798). Zusammen mit seiner Frau beobachtete er am 20. September 1786 Zuckungen der am eisernen Balkongeländer aufgehängten Froschschenkel, hervorgerufen durch die starken Felder der Blitzentladungen. Später (1791) probierte Galvani eine Vorform der drahtlosen Telegraphie aus, indem er den Blitz durch eine Elektrisiermaschine zur Funkenerzeugung zwischen zwei Metallkugeln nachahmte, während zwei Antennendrähte vom Nerv des Froschschenkels überbrückt wurden. Hier diente der Schenkel gleichsam als Voltmeter. Etwa zehn Jahre später gab der Student Johann Wilhelm Ritter (1776–1810) in Jena die richtige Erklärung für die Ursache des Galvanismus, nämlich das Ablaufen chemischer Reaktionen an der Grenze zwischen Elektrodenmetall und Muskel (oder Nerv) unter Entstehung einer Grenzflächenspannung, die zur Auslösung der Zuckungen führt [143]. Im 19. Jahrhundert entwickelte sich dann aus den Entdeckungen von Michael Faraday (1791–1867), Gustav Fechner (1801–1887), Emil Du Bois-Reymond (1818–1896) und anderen Physikern die Elektrophysiologie. Auf Hans-Christian Oersted (1777–1851) geht die Entdeckung des Elektromagnetismus (1820) zurück.

Zwischen diesen dramatischen Erscheinungen, deren Grundlagen auch heute erst teilweise erforscht sind, und dem Befinden des Menschen sowie dem Auftreten von Krankheiten gibt es heute statistisch gesicherte Korrelationen. Danach sind Sonneneruptionen und magnetische Stürme als Auslöser von Herz-Kreislauf-Beschwerden, Störungen des vegetativen Nervensystems, Rheumaschüben, Kopfschmerzen, Mattigkeit und dgl. zu nennen. Nicht zu vergessen sind in diesem Zusammenhang die jedermann bekannten elektrostatischen Aufladungserscheinungen durch Reibung zwischen Materialien geringer Leitfähigkeit (die altbekannte „Reibungselektrizität" etwa zwischen Wolle und Bernstein). So können beim Laufen mit Gummisohlen auf Linoleum oder Kunststoffteppich beträchtliche Spannungen (mehrere kV) zwischen Körper und Umgebung aufgebaut werden, was sogar zur kurzzeitigen Funkenbildung (Ströme im mA-Bereich während weniger $\mu$s) z. B. zwischen Nase und Fingerspitze zweier Personen und bei Annäherung an Türklinken oder Wasserhähne führen kann. Hierdurch entstehen Muskelverkrampfungen und Blutdruckschwankungen sowie Störungen von Herzschrittmachern. Vermeidbar sind derartige Aufladungen bei ausreichender Luftfeuchtigkeit (> 50 % relative Luftfeuchtigkeit) und/oder Luftionisierung sowie bei Verwendung leitfähigen Materials für Fußböden und/oder Schuhsohlen.

## 4.1.2 Künstliche Felder und ihre biologischen Wirkungen

Künstliche Felder, die auf Lebewesen einwirken können, lassen sich unterteilen in solche, die infolge Konzentrierung technischer Einrichtungen nachweisbar sind und jene, die gezielt im Laboratorium zur Feststellung von biologischen Schädigungen erzeugt werden. Es hat sich nun herausgestellt, daß die Wirkungen verschiedener Frequenzen und Feldstärken dabei unterschiedlich sein können, weshalb diese am Beispiel zweier besonders wirksamer Frequenzbereiche dargelegt werden sollen.

Membranen und die in sie eingelagerten Proteine sind als Empfänger elektrischer Wellen anzusehen, wobei eine Umwandlung von elektrischer in chemische Energie stattfindet. Durch Modifizierung der enzymgesteuerten Stoffwechselwege erfolgt die katalytische Verstärkung und anschließende Ausbreitung von – sowohl reversiblen als auch irreversiblen – Veränderungen im ganzen Organismus.

### 4.1.2.1 Extrem niedrige Frequenzen (bis 300 Hz)

Zu diesem Bereich gehören die meisten uns in Innenräumen ständig umgebenden Felder mit 50 bis 60 Hz sowie die der Hochspannungsleitungen [149, 168].

*Tab. 4: Ergebnisse von Tierversuchen zur Wirkung von Wechselfeldern (50/60 Hz).*

| Feldstärke (V/cm) | Versuchstier | Exposition | Wirkungen |
|---|---|---|---|
| 1–100 | Ratte | 21 Tage (je 15 min) | Zunahme von Noradrenalin |
|  |  | mehrere Monate | Zunahme von Harnsäure, Veränderungen des Herz-Kreislauf- und des Nervensystems |
| 100–1000 | Ratte | mehrere Monate | erhöhte nervliche Erregbarkeit, Veränderungen der Spermien-Morphologie sowie der Konzentration der Nebennierenrinden-Hormone |
|  | Maus | 5 Tage | Abnahme des Körpergewichts und der Erythrozytenzahl, verminderter Haematokrit-Wert |
|  | Maus | 100 Tage | Mißbildung bei Embryonen |

# Biologische Wirkungen nicht-ionisierender Strahlungen

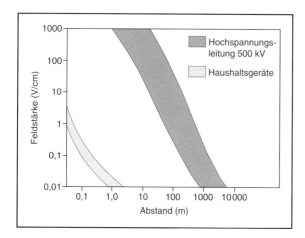

*Abb. 14: Abnahme der Feldstärke (logarithmisch) mit zunehmendem Abstand von Hochspannungsleitungen (500 kV) bzw. Haushaltsgeräten.*

Aus Abb. 14 werden Höhe und Abnahme elektrischer Feldstärken von 500 kV Hochspannungsleitungen sowie von elektrischen Haushaltsgeräten ersichtlich. Dabei ist das schnelle Abklingen bei Haushalts- und Kleingeräten auffällig. Vergleicht man den Feldverlauf mit den offiziell als unwirksam angesehenen Feldstärken, müßte – selbst bei 24stündiger Einwirkung – im Abstand von einem halben Meter keine Gefährdung mehr vorhanden sein (siehe Abb. 15). Demgegenüber wäre bei Spannungsquellen immer dann Vorsicht angebracht, wenn diese nur wenige Zentimeter vom menschlichen Körper entfernt langzeitig betrieben werden. Ähnliches gilt für die magnetische Induktion, die in 10 cm Entfernung bei bestimmten Geräten 1 µT bis 1 mT betragen kann, jedoch in 1 m Abstand bereits auf 0,01 µT absinkt.

An dieser Stelle soll auf einen einfachen Versuch verwiesen werden, der es ermöglicht, sich von der beträchtlichen Feldstärke einer Hochspannungsleitung zu überzeugen. Dazu stecke man eine 40-Watt-Leuchtstoffröhre senkrecht unter der Leitung in den Boden. Wenn im Dunkeln ein Leuchten dieser Röhre wahrnehmbar ist, kann

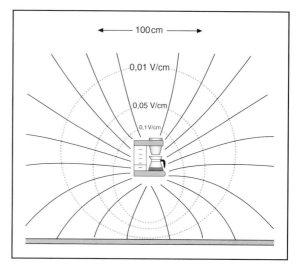

*Abb. 15: Elektrische Feldverteilung in der Umgebung einer elektrischen Kaffeemaschine (ähnliche Feldgradienten existieren auch bei anderen Haushaltsgeräten).*

eine biologische Wirkung nicht ausgeschlossen werden.

Faßt man die häufigsten, einigermaßen vergleichbaren Ergebnisse aus Tierversuchen zusammen, so ergibt sich eine Vielfalt von deutlichen Störungen, die teilweise quantitativ ausgewertet werden können. Abgesehen von Wärmeeffekten, sind Beispiele auszugsweise in Tabelle 4 enthalten. Beim Menschen zeigen sich verschiedene Beschwerden gehäuft in der Nähe starker Quellen elektromagnetischer Felder. Besonders zu beachten sind:

— die Wirkungen auf das Zentralnervensystem, in dem die Kommunikation durch schwache niederfrequente Felder geringer Spannungen (bei 1–250 µV) erfolgt. Sie sind abhängig von der betreffenden Gehirnregion sowie von den Tageszeiten. Werden kleine Feldspulen an bestimmte Stellen der linken Kopfhälfte gelegt, so lassen sich Fingerbewegungen der rechten Hand stimulieren [169].
— die kanzerogene Wirkung. Dies ist besonders kritisch, da Membranen sowohl „Feldantennen" als auch Rezeptoren für kanzerogene Substanzen darstellen. Aktiviert wird besonders die Wachstumsstimulierung durch das Enzym Ornithindecarboxylase[4]. Es verändert die Proteinsynthesen sowie den immunologischen und hormonellen Status. Hinzu kommt eine Konzentrationsabnahme von Melatonin, einem Hormon, welches das Tumorwachstum hemmt und den Rhythmus reguliert. Daraus resultieren Unterbrechungen von Informationsübertragungen zwischen den Zellen [44, 146, 159].

Personen, die jahrelang elektrischen Feldstärken von weniger als 0,5 kV/cm ausgesetzt waren, klagten bei Befragungen über Kopfschmerzen, Schwindelgefühl, Schlaflosigkeit und Atembeschwerden. Bei einigen Personen wurden Depressionen, bei Kindern angeblich auch eine Häufung von Leukämiefällen festgestellt [179, 180]. Bei Schwangeren, die für zehn Stunden einer Feldstärke von 2 kV/cm ausgesetzt waren, traten bei den später geborenen Kindern Geburtsfehler und/oder Chromosomendefekte auf.

#### 4.1.2.2 *Sehr hohe Frequenzen (bis 300 GHz): Radar und Mikrowellen*

Auch die höheren Frequenzen können je nach Frequenz und Einwirkungsdauer Schäden bewirken. In Tabelle 5 sind typische Ergebnisse aus Tierversuchen zusammengestellt.

Wird mit der Bestrahlung bereits im Embryonalstadium begonnen, so treten Mißbildungen und deutliche Veränderungen in der Zusammensetzung des Blutes auf. So ergab die Einwirkung

---

[4] Dieses Enzym katalysiert die $CO_2$-Abspaltung aus der Aminosäure Ornithin.

Tab. 5: Mikrowellen-Effekte auf das Immunsystem von Mäusen (nach [165], verändert).

| Frequenz | Feldstärke | Expositionsdauer | Wirkungen |
|---|---|---|---|
| 2,45 GHz | 5–15 mW/cm$^2$ | 2 h/d für 6–12 Wochen | Gesteigerte Empfindlichkeit gegen Staphylokokken-Infektionen, erniedrigte Phagozytose bei Makrophagen |
| | | 2 h/d für 1–6 Monate | Erniedrigter Widerstand gegen Krebszellen |
| 3 GHz | 1–12 mW/cm$^2$ | 2 × 1 h/d | Vorübergehender Anstieg des Haemagglutinin-Titers |
| | 7 mW/cm$^2$ | 2 × 1 h/d | Gesteigerte Antikörper-Reaktion, fremde Erythrozyten, Erhöhung der Lymphozytenzahl |

von 1,25 GHz auf befruchtete Hühnereier bei den Küken schwachen Knochenbau und sogar das Fehlen von Augen.

Auch unter der Einwirkung dieser sehr hohen Frequenzen wurden verschiedene Einflüsse auf das menschliche Wohlbefinden festgestellt. Während die Diathermie (27,1 MHz) sich positiv auswirkt, wurden wiederholt Geburtsdefekte beobachtet. Die statistisch signifikant erhöhten genetischen Schäden unter der Bevölkerung der Stadt Vernon (US-Bundesstaat New Jersey) sind vermutlich durch die hohe Mikrowellendichte in drei Satelliten-Erdstationen mit 29 Verbindungsstellen verursacht, weisen doch allein deren Verbindungssignale die zehnfache Intensität (100 µW/cm$^2$) von Fernsehausstrahlungen auf.

Im Vergleich dazu haben Langzeittests bei Einwirkung von 10 µW/cm$^2$ Mikrowellen auf Versuchspersonen (Soldaten und Studenten) gezeigt, daß visuelle Reaktionen etwas verlangsamt und das Gedächtnis verschlechtert werden. Darüber hinaus zeigt die Statistik, daß Personen, die Mikrowellen (M) und/oder Radarstrahlung (R) ausgesetzt sind, eine deutlich höhere Krebsrate aufweisen. Beispielsweise kamen 3 % der polnischen Soldaten mit (M+R)-Feldern langfristig in Kontakt, was zu einer um 8,8 % erhöhten Krebsrate führte. Das Krebsrisiko unter (M+R)-Einwirkung betrug hierbei das Dreifache [165]. Bezogen auf 100.000 Personen, wurden pro Jahr die in Tabelle 6 aufgelisteten Krebsraten ermittelt.

*Tab. 6: Wirkung von Mikrowellen auf die Krebsrate (nach [165], verändert).*

| Alters-klasse | Krebshäufig-keit bei Mikro-wellen-expon. Personen | Kon-troll-per-sonen | p-Wert[*)] |
|---|---|---|---|
| 20–29 Jahre | 45 | 10 | 0,01 |
| 30–39 Jahre | 75 | 20 | 0,01 |
| 40–49 Jahre | 350 | 48 | 0,01 |
| 50–59 Jahre | 560 | 350 | 0,05 |

*) Der p-Wert ist ein statistisches Maß für die Wahrscheinlichkeit einer rein zufälligen Übereinstimmung zweier Meßwerte (je kleiner der Wert, desto besser ist die betreffende Differenz gesichert).

Ähnliche Befunde werden auch von anderen Stellen gemeldet, so z. B. aus der Telekommunikations-Industrie in Montreal und aus dem Institut für Medizinische Forschung in Zagreb, wo weiterhin erhöhte Schädigungen von Chromosomen in Körperzellen festgestellt wurden. Nicht zuletzt werden auch Waldschäden in Richtfunkstrecken und im Umkreis von Radaranlagen auf Zentimeterwellen zurückgeführt. Dazu sind kritische Nachuntersuchungen im Gange. Alle diese Erscheinungen haben molekularbiologische Konsequenzen (siehe Abschnitt 4.4), und zwar in zwei getrennten Bereichen: bei extrem niedrigen Frequenzen (bis ca. 300 Hz) und bei sehr hohen Frequenzen (bis ~ 300 GHz).

## 4.2 Veränderungen von morphologischen und biochemischen Prozessen bei Zellen als Ursachen von biologischen Feldeffekten

Im Laboratorium lassen sich die natürlichen und die künstlichen Felder unserer Umgebung simulieren und darüber hinaus systematisch alle Varianten und Kombinationen zwischen Gleich- und Wechselfeldern herstellen. Während bei Statistiken über die Auswirkungen von „elektromagnetischem Smog" auf den Menschen einerseits und bei Tierversuchen andererseits zahlreiche Parameter und Nebeneinflüsse in Betracht zu ziehen sind, lassen sich Experimente mit Zellen und Gewebekulturen besser reproduzieren, insbesondere unter Zuhilfenahme von biochemischen und physikochemischen Analysen.

Die Feldeinwirkungen erfolgen hauptsächlich auf dreierlei Weise:

1. Direkte Einführung von Platinelektroden in die Zellsuspension oder in das Gewebe mit Anschluß an eine Gleich- oder Wechselstromquelle.
2. Kapazitive (d. h. indirekte) Übertragung eines Wechselfeldes mittels Kondensatorplatten auf die Probe.

3. Erzeugung eines pulsierenden Magnetfeldes zwischen zwei Helmholtz-Spulen[5] mittels angelegter Wechselspannung, was seinerseits in der Probe einen Wechselstrom im mV-Bereich induziert. Vorzugsweise bedient man sich dieser indirekten Methode mittels außen um den Probenraum angebrachter Kupferdrahtspulen, wobei das Magnetfeld nur durch Eisenteile gestört wird.

An einigen wenigen Beispielen soll aufgezeigt werden, welche Veränderungen selbst schwache Felder in der Zelle bewirken können. Diese Ergebnisse von Laborversuchen bilden eine der Grundlagen für die Aufklärung von Ursachen für die bisher geschilderten Symptome bei Lebewesen (Abschnitt 4.4).

---
[5] In einer sog. Helmholtz-Spule induziert das magnetische Feld (i. a. im mT-Bereich) im Präparat ein elektrisches Wechselfeld von < 1 mV/cm.

### 4.2.1 Niederfrequente Elektrostimulation des Zellstoffwechsels (bis 300 Hz)

Die Elektrostimulation des Knochenwachstums hat sich in der Praxis bewährt, wann immer Knochenbrüche nicht verheilten [9]. Auch sonst reagieren verschiedene Organismen auf diesen Frequenzbereich. Gegenüber der zunächst eingesetzten komplizierten Pulsfolge über Helmholtzspulen werden heute vor allem sinusförmige Ankopplungen zwischen 50 und 70 Hz genutzt. Abgesehen von morphologischen Veränderungen bei einer Vielzahl von Lebewesen (siehe Tab. 4 bis 7), hat man heute Beeinflussungen auf fast allen Gebieten der Biologie festgestellt [12, 13].

Vorbedingung dazu ist die Auffindung des jeweiligen „elektrischen Fensters", d. h. der optimalen elektrischen Parameter (Frequenz,

*Tab. 7: Morphologische Veränderungen und Verhaltensstörungen durch niederfrequente Elektrostimulation.*

| Versuchsobjekt | Beobachtete Veränderungen |
|---|---|
| Mensch (Knochen) | Regeneration und Heilung von Pseudoarthrose |
| Küken (Chondroblasten) | Gestaltsänderungen |
| Amphibien (Gliedmaßen) | Regeneration und Differenzierung |
| (Erythrozyten) | Gestaltsänderungen |
| Bakterien und Amöben | Störungen der Bewegungsgeschwindigkeit und -richtung |

# 52  Der nicht-ionisierende Bereich des elektromagnetischen Spektrums

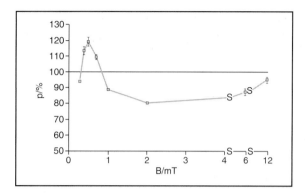

Abb. 16: *Positives Amplitudenfenster bei 0,5 mT und breites negatives Fenster bei > 0,9 mT für die Proliferation von Saccharomyces cerevisiae, jeweils 50 Hz.*

Amplitude des Wechselfeldes). Bei komplizierteren biologischen Objekten bleiben zuweilen widersprüchliche Ergebnisse verschiedener Autoren nicht aus. Die Erhöhung der Zellteilungsrate gewinnt bei der mikrobiellen Fermentation an Bedeutung. Die Biomasseproduktion kann dadurch erhöht werden. Mit der häufig verwendeten Hefe mußte die eingesetzte Amplitude auf 0,5 mT begrenzt werden (Abb. 16), um ihr positives elektrisches Fenster zu finden.

Weiterhin hat sich wiederholt eine erhöhte Membranpermeabilität nachweisen lassen, was zur vermehrten Passage von neutralen Molekülen (Zucker) sowie von Kationen (Natrium, Calcium) führte [12, 13]. Diese Veränderungen sind von großer physiologischer Bedeutung, da hierbei nicht zuletzt Informationen ausgetauscht werden können. Da membranassoziierte Enzyme als Transformatoren der elektrischen Energie in chemische Energie gelten, verdienen Feldeinflüsse auf diese Proteine besonderes Interesse bei der Aufklärung von enzymgesteuerten Prozessen [12].

Von fundamentaler Bedeutung für Genetik und Biotechnologie ist die Beeinflussung einiger allen Organismen gemeinsamer Prozesse, besonders der Synthese von DNA (Replikation der Erbsubstanz), Messenger-RNA (Transkription des genetischen Codes) und Proteinen (Translation an den Ribosomen der Zelle).

An dieser Stelle sei hervorgehoben, daß neben den natürlichen Proteinen etwa 20 neue mit niedrigerem Molekulargewicht aufgefunden wurden, während gleichzeitig bei Makromolekülen mit Molekulargewichten > 50.000 Verluste zu verzeichnen waren. Dies läßt auf einen schwerwiegenden Eingriff in die Genexpression schließen. Dennoch kann bei der Fermentation die Gesamtmasse an Proteinen ebenso erhöht werden wie die Konzentration anderer Stoffwechselprodukte wie Antibiotika, was für die Optimierung der mikrobiellen Produktion an Bedeutung gewinnen wird.

## 4.2.2 Hochfrequente Elektrostimulation und Elektrofusion (bis 300 GHz)

Höhere Frequenzen greifen Zellmembranen an. So wird unter günstigster Kontaktierung zweier Zellmembranen – wie sie zwischen zwei und mehr Zellstadien von Blastomeren nach der Befruchtung tierischer Eizellen gegeben ist – sogar eine Fusionierung allein mittels 1 MHz sinusförmigen Wechselstroms (~ 300 V/cm) erzielt. Üblicherweise sind zur Elektrofusion von tierischen Zellen oder pflanzlichen Protoplasten Einzelpulse mit Feldstärken von größenordnungsmäßig 1 kV/cm erforderlich.

Ähnlich wie im niederen ELF-Frequenzgebiet werden auch im Radar-Bereich von 450 MHz, niederfrequent moduliert, entsprechende Effekte wie dem $Ca^{2+}$-Ionen-Austritt aus Gehirnzellen sowie die Aktivierung des Enzyms Ornithindecarboxylase bei der Polyaminsynthese verursacht.

Das alles sind erste Hinweise auf die Gefährlichkeit der in der Telekommunikation und bei der Aufheizung eingesetzten hohen Frequenzen. Gleichzeitig finden damit die in Tabelle 7 genannten Symptome auf zellulärer Ebene eine Parallele. Wenn man die Stromdichten für einen Vergleich zwischen den Umwelteinwirkungen einerseits und den Laborexperimenten auf Zellprozesse andererseits heranzieht, so erkennt man (Abb. 17), daß die Resultate von Tierversuchen und Experimenten mit isolierten Zellen zur Erklärung der elektromagnetischen Umweltschädigungen beim Menschen dienen können.

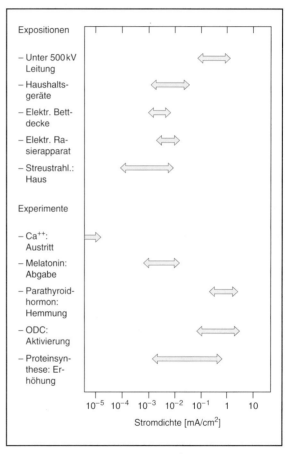

Abb. 17: Gegenüberstellung der Stromdichten bei Umweltexpositionen und Laborexperimenten (ODC – Ornithindecarboxylase).

## 4.3 „Elektromagnetischer Smog" in den Industriestaaten, Entstehung und Ausmaß

In allen hochindustrialisierten Gebieten ist in den letzten 50 Jahren ein exponentieller Anstieg künstlicher elektrischer Felder außerhalb und innerhalb von Gebäuden zu verzeichnen. Vor allem die erdumspannenden Kommunikationssysteme und das Netzwerk von elektrischen Leitungen werden immer enger und energiereicher. Allein in den USA existieren derzeit 500.000 km Hochspannungsleitungen mit Spannungen zwischen 100 und 1.000 kV [5]. Weil man glaubte, diese Strahlen seien für eine Zellschädigung zu schwach – es entstünde dabei wie durch die Absorption von IR nur Wärme [12, 15] –, sind die biologischen Wirkungen dieser nicht-ionisierenden elektromagnetischen Wellen lange Zeit kaum beachtet und noch weniger erforscht worden.

Dieser Vergleich mit dem infraroten Strahlungsbereich ist allein schon aus zwei Gründen falsch:

1. Im Gewebe laufen hauptsächlich kooperative Prozesse unter Nichtgleichgewichtsbedingungen ab; daher erfolgt
2. der Energieaustausch in schmalen Intensitäts- und Frequenzbereichen, und seine resultierende Wirkung steht in einem nichtlinearen Zusammenhang damit („kleine Ursache, große Wirkung").

Tab. 8: Elektrische Feldstärken und induzierte Stromdichten im menschlichen Organismus (nach [44], verändert).

| Verursacher | Distanz | Feldstärke (V/cm) | Induz. Stromdichte ($\mu A/cm^2$) |
|---|---|---|---|
| Hochspannungsleitungen | 50 m entfernt | 100 | $\geq 0{,}05$ |
| Heizdecken oder -kissen | bei Berührung | 20 | 0,01 |
| Haartrockner | bei Berührung | 5 | 0,0015 |
| Walkie-talkie | am Kopf | 1,5 | |
| Mikrowellenofen | an seiner Tür | 1,3 | |
| Radioempfänger | am Kopf | 0,5 | |
| Radiosender | in Senderumgebung | 0,04 | |
| Hausleitungen | Streustrahlung | 0,03 | 0,001 |

Obwohl schon Wilhelm Ostwald zu Beginn dieses Jahrhunderts Gedanken darüber geäußert hatte, sind die klassischen Deutungen (Thermodynamik, Statistik), z.B. von Hodgkin und Huxley, erst seit 20 Jahren durch adäquate Modelle vertieft worden. Aus den neuesten Untersuchungen und Berechnungen folgt, daß manche Zellen für äußerst schwache Feldstärken bis herab zu $10^{-6}$ V/cm empfindlich sein können [175]. Betrachtet man vergleichsweise einige Feldstärken in unserer Umwelt, so wird deutlich, welch mannigfaltigen, viel stärkeren Einflüssen der Mensch in der Zivilisation wirklich ausgesetzt ist [4, 12].

Abgesehen von nur zeitweilig genutzten Geräten, werden diese Werte an Arbeitsplätzen mit starken elektrisch betriebenen Maschinen bedeutend überschritten. Dadurch betroffen sind vor allem Schweißer, Elektriker sowie Arbeiter in Kraftwerks-, Transformatoren- und Radarstationen, bei elektrischen und magnetischen Bahnen, Aufzügen und Metallschmelzöfen, die im Falle von Aluminium-Schmelzen mit ~ 100.000 Volt betrieben werden. Hierbei wird der menschliche Körper in unterschiedlicher Weise von elektrischen Wechsel- oder Gleichfeldern, jedoch abgeschwächt gegenüber der Umgebung, durchsetzt.

Während man diesen Gefahren in der ehemaligen Sowjetunion schon frühzeitig durch Festlegung von Grenzwerten für Dauereinwirkung zu begegnen suchte (z.B. für Mikrowellenstrahlung: 0,01 mW/cm$^2$ Körperoberfläche, d.h. etwa 0,003 V/cm), sind in den USA an der Tür von Mikrowellenöfen noch bis zu 5 mW/cm$^2$ zulässig. Die induzierten Stromdichten rufen beim Menschen verschiedene akute Effekte hervor (siehe Tab. 9).

Erst 1988 hat das International Non-Ionizing Radiation Committee (NIRC) die Grenzwerte der

*Tab. 9: Physiologische Effekte induzierter Stromdichten (Daten nach [168]).*

| Stromdichte (µA/cm$^2$) | Magn. Induktion (mT) | Effekt |
|---|---|---|
| 0,1–1 | 0,5–5 | schwache Beeinflussung des visuellen Nervensystems |
| 1–10 | 5–50 | deutliche Wirkung auf das visuelle Nervensystem |
| 10–100 | 50–500 | Stimulation erregbarer Gewebe; Gesundheitsschäden möglich |
| ≥ 100 | ≥ 500 | Extrasystolen, Ventrikel-Faserbildung, akute Gesundheitsschäden |

*Tab. 10: Expositionsgrenzwerte (in V/cm) am Arbeitsplatz ($E_B$) und im Haushalt ($E_H$), aufgeschlüsselt nach Frequenzen ($\nu$). Eindringtiefe (in cm) berechnet für 37 % der auftreffenden Strahlung (nach [25, 30, 57, 49], verändert).*

| Frequenz | $E_B$ | $E_H$ | T |
|---|---|---|---|
| 0,01–1,2 MHz | 6 | 2,8 | 100 |
| 1,2–3 | 6 | 2,8 | 40 |
| 3–30 | $18/\nu$ | $8,4/\nu$ | 15 |
| 30–100 | 0,6 | 0,28 | 7 |
| 100–300 | 0,6 | 0,28 | 4 |
| 0,3–1,5 GHz | $3,45 \cdot \sqrt{\nu}$ | $1,6 \cdot \sqrt{\nu}$ | 2 |
| 1,5–300 | 140 | 60 | 0,5 |

Tabelle 10 festgesetzt. Für höhere Frequenzen haben einzelne Länder (z.B. Schweden und Kanada) unterschiedliche Grenzwerte festgelegt. Leider besteht hinsichtlich der Höhe der Toleranzen weltweit noch keine Übereinstimmung.

In den USA nahmen die Auseinandersetzungen über die biologischen Wirkungen nicht-ionisierender Strahlungen zwischen Biowissenschaftlern auf der einen Seite und Elektrizitätsgesellschaften mit ihren hochdotierten Gutachtern und Rechtsanwälten auf der Gegenseite teilweise den Charakter einer Kriminalstory an. Wie heute in der Klimaforschung wurde mit allen schmutzigen Tricks, so etwa interessengerichteten „Interpretationen" von Forschungsresultaten, Meinungsmanipulation bis zum Rufmord intrigiert [9, 115]. Einflußreiche Energieversorgungsunternehmen negierten die Ergebnisse von Tierversuchen und beharrten auf der damals anerkannten Theorie, wonach beim Menschen eine Energieaufnahme unter 10 mW/$cm^2$ nur zur Wärmeentwicklung in der Haut führen und demnach ungefährlich sein sollte. Selbst eine 765 kV Hochspannungsleitung könnte demnach kein Gesundheitsrisiko sein. Diese Annahme vernachlässigte die wesentlichen elektrischen Feldeffekte an Zellmembranen (siehe Abschnitt 4.2). Inzwischen beginnt sich jedoch dank der Forschungsresultate vieler Laboratorien in Schweden, England und auch den USA die Wahrheit über mögliche Feldschädigung durchzusetzen.

Neue Debatten löste die Absicht der US Air Force aus, den Anwohnern von Cape Cod (US-Bundesstaat Massachusetts) und Sacramento (US-Bundesstaat Kalifornien) ihr neuartiges, mit einer Niederfrequenz (18,5 Hz) moduliertes 440 MHz Superradarsystem „Precision Acquisition of Vehicle Entry Phased Array Warning System" (PAVE PAWS) als ungefährlich darzustellen [115]. Immerhin hatten bereits Adey und Anderson für eben diese mit rund 16 Hz modulierte 450-MHz-Radarstrahlung im Tierversuch verschiedene Gehirnschädigungen festgestellt

[3, 4]. Davon zeigte sich (1985) ein Komitee der National Academy of Sciences in Washington wenig beeindruckt. Andere Wissenschaftler [24, 25, 26] bestätigten (1986) frühere Ergebnisse über ein mehrfach erhöhtes Krebsrisiko bei Kindern [159, 167, 179, 180] durch elektromagnetische Hochspannungsfelder, die im Körper ähnliche Werte (< 0,1 mV/cm) erreichen wie bei den Tierversuchen.

Trotzdem gab es Gegenstimmen, und als 1988 eine weitere Hochspannungsleitung gebaut werden sollte, wurden erneut Gutachten über das Für und Wider in Auftrag gegeben. Insbesondere konnten die Befürchtungen von 85 Landeigentümern, ihre Ländereien könnten durch diesen „Krebskorridor" entwertet werden, noch nicht ausgeräumt werden.

In Deutschland bemüht sich seit 1990 das Bundesamt für Strahlenschutz um die Festlegung von Vorsorge- und Schutzgrenzwerten [30]. Das Bundesumweltministerium hat mit den Verbänden der Energiewirtschaft folgende Werte (jeweils für 50 Hz) diskutiert:

Vorsorge: 20 V/cm, 0,1 mT
Schutz: 100 V/cm, 0,5 mT.

Inzwischen hatten sich neue Fronten zwischen den Herstellern von Monitoren (Videoterminals) und den Radiobiologen gebildet. Die Wissenschaftler hatten vor Bildschirmen ein ganzes Spektrum von elektrischen und magnetischen Strahlungen mehr oder minder großer Reichweite nachgewiesen und ihre Wirkungen auf Lebewesen studiert. Sie warnten besonders Schwangere, länger als 20 Stunden pro Woche nahe vor dem Bildschirm zu sitzen. Da in den USA – abgesehen von privaten Fernsehapparaten – mehr als 50 Millionen Videoterminals betrieben werden (allein im Bell-Telephonsystem mehr als 100.000), ist hier eine potentielle Gefahrenquelle gegeben [26].

Nicht nur von amerikanischen Radiobiologen [107, 112], sondern auch von Arbeitsgruppen in Tschechien, Spanien und Schweden [130] wurden Schädigungen aufgrund beträchtlicher Abstrahlungen nachgewiesen. So wurden bei US-amerikanischen Geräten im Abstand von 36 cm gelegentlich niederfrequente Strahlungsstärken gemessen, welche die an Arbeitsplätzen in der ehemaligen Sowjetunion sowie in Bulgarien und Tschechien um das Fünffache überschritten. Während in Schweden neue Vorschriften für den Betrieb von Videoterminals erlassen wurden, gibt es in den USA eine Lobby, die noch weitere Daten abwarten will, während einige Millionen Menschen ohne mögliche Vorsichtsmaßnahmen dadurch als „Versuchskaninchen" Langzeitexperimenten ausgesetzt werden.

Bisher liegen nur die Ergebnisse von zwei größeren, offiziell in Auftrag gegebenen Studien vor, die aber nur einen beschränkten Anteil bereits bekannter Resultate berücksichtigen: In der ersten dieser Studien, dem sog. Henhouse Project, hat das US Office of Naval Research bei Küken Schädigungen durch niederfrequente Wechselfelder (60 Hz) ermittelt. Im New York Power Lines Project der Wadsworth Laboratories (Albany, New York) wurden die biologischen Auswirkungen von 765 kV Hochspannungsleitungen untersucht. Dabei berücksichtigen die Messungen den Feldstärkebereich zwischen 10 und 500 V/cm und magnetische Feldstärken bis zu 1 mT. Bei diesen Untersuchungen ergaben sich keine genetischen Effekte; auch war die Reproduktionsrate der untersuchten Tiere unbeeinflußt. Dagegen erwiesen sich die Syntheseraten von Proteinen wie von DNA sowie die Aktivität der ATPase[6] als erhöht. Umgekehrt ließ sich eine Abnahme von Neurotransmittern beobachten. Auch war die Tagesrhythmik der Tiere gestört.

Versuchspersonen reagierten erst auf Feldstärken von 900 V/cm. Während bei den Versuchstieren eine erhöhte Mitoserate bei gleichzeitig erhöhtem Widerstand gegenüber Killerzellen beschrieben wurde, sind die Angaben über die Krebsverbreitung beim Menschen unklar. Im Umkreis von Denver (US-Bundesstaat Colorado) schien die Leukämierate bei Kindern erhöht zu sein; dagegen war im Gebiet um Seattle (US-Bundesstaat Washington) bei Erwachsenen – für nicht-lymphatische Leukämien – keine Erhöhung festzustellen.

Die Ergebnisse beider Studien wurden angezweifelt. Daher wird man mit Ungeduld auf Ergebnisse weiterer Untersuchungen zur Krebsentwicklung bei Kindern warten, die u.a. vom National Cancer Institute der USA aufgenommen wurden, sowie auf zur Zeit laufende Untersuchungen der Boston School of Public Health über die Auswirkungen der neuen Radaranlage PAVE PAWS auf die Krebshäufigkeit der Bewohner von Cape Cod (US-Bundesstaat Massachusetts). In diesem Zusammenhang ist auch eine Untersuchung des Electric Power Research Institute (EPRI) der USA zu sehen, bei der Mäuse einer Niederfrequenz von 60 Hz ausgesetzt wurden, um eine eventuelle Zunahme von Leukämie und Gehirntumoren zu erfassen [150, 151, 181]. Dabei wurden Feldintensitäten verwendet, wie sie üblicherweise in Wohnungen vorkommen [44, 116].

Der heutige Stand dieser Untersuchungen darf so zusammengefaßt werden: Bei Versuchspersonen wurden in mehr als der Hälfte der Studien, darunter 35 epidemiologischen Krebsrisiko-Studien, ebenso wie bei Versuchstieren Anhaltspunkte für eine Schadwirkung gefunden; in jeweils etwa 20 % der Untersuchungen wurden keine gesicherten Differenzen beobachtet oder gar eine Unbedenklichkeit konstatiert.

---

[6] Die ATPase ist das Enzym, das die Verknüpfung wichtiger Kohlenstoffverbindungen mit Resten der anorganischen Phosphorsäure katalysiert. Es spielt im Energiestoffwechsel der Zelle eine sehr wichtige Rolle.

Da alle Studien stark kritisiert wurden, will nunmehr das US National Cancer Institute eine weitere Untersuchung über Krebsentwicklung bei Kindern starten. Angesichts dieser unsicheren Beweislage müßten offizielle Schutzmaßnahmen schon jetzt ergriffen werden, wenn auch zu Lasten von Profiten großer Unternehmen! Je länger entscheidende technische Veränderungen hinausgezögert werden, desto mehr wachsen Kritik und Widerstand in der Bevölkerung nicht nur in den USA, sondern ebenso in der Bundesrepublik und anderen europäischen Ländern. Immerhin wurden kürzlich in mehreren Staaten der USA Bestimmungen über maximal zulässige elektrische Feldstärken in ca. 100 m Entfernung von Hochspannungsleitungen erlassen. Diese Grenzwerte reichen von 10 V/cm (z. B. Montana) bis hin zu 30 V/cm (z. B. New Jersey).

In der Harvard University hat es sich ein Center for Risk Analysis zur Aufgabe gemacht, diese Resultate und Hypothesen für laufende Berichte nicht zuletzt hinsichtlich des Krebsrisikos zu analysieren. Immerhin geben die USA jährlich 30 Millionen Dollar für Forschungen über die Bedeutung elektromagnetischer Felder für die Volksgesundheit aus. Danach läßt sich der Stand des Wissens von 1997 vorsichtig folgendermaßen einschätzen:

- Leukämie: Während bei Kindern eine Erhöhung festgestellt wurde, war dies bei Erwachsenen nur für besonders exponierte Personen nachweisbar [180].
- Gehirnkrebs: Für Arbeiter mit starker kumulativer Exposition besteht ein sehr hohes Risiko. Dafür kommen auch schnurlose Telephone in Betracht.
- Brustkrebs: Ein besonders hohes Risiko besteht für weibliche Elektriker.

## 4.4 Theoretische Deutungen

Daß relativ schwache Wechselfelder eine derart universelle Wirkung entfalten können, beschäftigt die Zellbiologen und Biophysiker [3] schon seit der Entdeckung der ersten derartigen Phänomene [13, 65]. Unter externem Feldeinfluß muß man davon ausgehen, daß die natürliche Ionenverteilung außerhalb und innerhalb von Zellmembranen und damit die Größe der Transmembranspannung rhythmisch geändert werden. Daraus folgen – wegen der geringen Membrandimensionen (im nm-Bereich) – so starke Feldstärkeänderungen (etwa $10^5$ V/cm), daß in den Membranproteinen induzierte Ladungen auftreten, die neue Molekülkonformationen verursachen können. Einerseits verändert sich dadurch die Enzymaktivität, andererseits auch der Antransport des zugehörigen Substrates. Membrangebunde Enzyme sprechen auch auf freie Radikale empfindlich an [3]. Wenn sich dadurch die Lebensdauer toxischer Radikale erhöht und gleichzeitig die Melatonin-Konzentration – somit auch die antioxidative Abwehr – vermindert wird, erfolgt nicht zuletzt eine Schädigung der DNA mit der Folge einer möglichen Krebspromotion. Auch bilden sich bioelektrochemische Rückkopplungssysteme aus, wobei elektrische Energie in chemische Reaktionsarbeit transformiert wird. Noch ist nicht abzusehen, welche Konsequenzen sich aus ihren Anwendungsmöglichkeiten für die Biowissenschaften ergeben.

## 4.5 Das stille Umweltrisiko

Kann sich der Mensch vor „elektromagnetischem Smog" schützen? Diese Frage bedarf einer sehr differenzierten Beantwortung je nach den Lebens- und Arbeitsbedingungen.

– In jedem Fall sollte die Wohnung zumindest 250 m von starken Spannungsquellen (Hochspannungsleitungen, Trafos, elektrischen Eisenbahnanlagen) entfernt sein, was sich in dichtbesiedelten Gebieten wie beispielsweise Japan generell nicht realisieren läßt.
– Unterirdische Verlegung von Hochspannungsleitungen zur Abschirmung.
– Elektrische Haushaltsgeräte – vor allem Leuchtstoffröhren und elektrisch beheizte Bettdecken – sollten nicht langfristig in Körpernähe betrieben werden. Leuchtstoffröhren sollten nicht kopfseitig am Bett angebracht sein.
– Fernsehbildschirme und Computerterminals müssen durch absorbierende Spezialscheiben sowie Mu-Metall abgeschirmt werden; andernfalls sollte der Arbeitsabstand vom Gesicht mindestens 0,5 m betragen. Die Einführung von flachen Flüssigkeitskristall-Displays für Computer wäre ein Ausweg aus der Misere.
– Einbau von Netzfreischaltern, die den Stromkreis z.B. im Kinderzimmer nachts unterbrechen, vermindert die Streustrahlung im Haus [149].
– Tragen von leitfähigem Schuhwerk, um statische Aufladungen zu verhindern.

Sicherlich werden in Zukunft weitere Lösungen angeboten werden, die Schädigungen vermindern helfen [79].

Zusammenfassend können wir feststellen: Die örtliche Anhäufung von starken Quellen elektromagnetischer Energie in den Industrieländern hat in deren unmittelbarer Umgebung zu Gesundheitsrisiken für alle Lebewesen geführt; man spricht schon von elektromagnetischer Verschmutzung („electromagnetic smog" oder „pollution"). Erste Beobachtungen und Erkenntnisse auf diesem Gebiet wurden in den USA und der ehemaligen UdSSR bereits in den 70er Jahren gesammelt, aber erst kürzlich sind in mehreren Ländern unterschiedliche Expositionsgrenzen für Wohnen und Arbeiten mehr oder weniger empirisch festgesetzt worden, nachdem in den USA jahrelang zwischen Wissenschaftlern und Energiegesellschaften über die Gefahren von Hochspannungsleitungen – vor allem für die Gesundheit von Kindern – gestritten worden ist.

Das gestiegene Verständnis für diese unsichtbaren Gefahren hat dazu geführt, durch Versuche an Tieren und Zellen die molekularen Ursachen von elektromagnetischen Feldwirkungen auf den Menschen zu analysieren. Die vorsichtigen Schlußfolgerungen über Einflüsse von der Zelle bis zum Menschen sind deshalb berechtigt, weil ähnliche Feldstärken und Stromdichten im Laboratorium verwendet wurden, wie sie in der Umwelt von Anwohnern starker elektromagnetischer Emissionen gemessen werden.

Erste Erkenntnisse sind dabei gewonnen worden, mit denen nun in gewissem Umfang Schutzmaßnahmen getroffen und abgeschirmte Geräte entwickelt werden können. Wenn auch lange genug nicht beachtet, ist es jetzt notwendig, diese Gefahren für die Bevölkerung von Industriestaaten durch umfassende Elektrotechnik und gigantische Energieproduktion wenn nicht zu beseitigen, so doch mit staatlicher Unterstützung deutlich zu vermindern. Die Vorteile der Elektronik selbst und ihre wesentliche Rolle bei der Steigerung der industriellen Produktion für die Zivilisation müssen eben erkauft werden durch aufwendige ökologische Maßnahmen in landesweitem Maßstab.

# 5 Nutzung der Kernenergie

Wenden wir uns jetzt den Partikelstrahlen zu, so haben wir uns zunächst mit dem Aufbau der Materie zu beschäftigen. Sie besteht aus kleinsten Einheiten, den Atomen. Zwar sind diese nicht – wie man ursprünglich annahm und wie ihr Name besagt – „unteilbar", aber sie sind die kleinsten Teilchen, denen die besonderen Eigenschaften der einzelnen Elemente zukommen, von denen auf der Erde 93 natürlich vorkommen. Tatsächlich hat die Forschung gezeigt, daß die Atome selbst noch aus kleineren Partikeln, sog. „Elementarteilchen" aufgebaut sind. Für das Verständnis der biologischen Erscheinungen sind lediglich vier von Bedeutung: die ungeladenen Neutronen, die annähernd gleich schweren positiv geladenen Protonen, die massearmen negativ geladenen Elektronen und schließlich die sog. Photonen, denen als Energiequanten des elektromagnetischen Feldes keine Ruhemasse zukommt.

Protonen und Neutronen, oft unter dem Sammelbegriff Nukleonen vereint, bauen die Atomkerne auf. Jeder dieser Kerne besteht aus einer bestimmten Anzahl dieser beiden Bausteine. Der kleinste denkbare Kern ist der des leichtesten aller Elemente, des Wasserstoffs. Er ist nichts anderes als ein Proton. Dagegen enthält der Kern des Urans bis zu 239 Nukleonen, davon genau 92 Protonen und zwischen 137 und 147 Neutronen. Maßgebend für das chemische Verhalten ist allein die Protonenzahl, oft auch als „Ordnungszahl" des betreffenden Elements bezeichnet.

Wie diese Tatsache zeigt, sind die Mengenverhältnisse von Protonen und Neutronen in einem Atomkern nicht exakt festgelegt. So kommen in der Natur z. B. Wasserstoffkerne vor, in denen sich neben dem einen Proton noch ein oder zwei Neutronen finden. Wir bezeichnen derartige Atome mit gleicher Protonen- aber unterschiedlicher Neutronenzahl als Isotope. Für die Charakterisierung solcher Isotope sind verschiedene Bezeichnungsweisen gebräuchlich. Vielfach wird die sog. „Massenzahl" (Zahl der den betreffenden Kern aufbauenden Protonen und Neutronen) an den Namen des Elements angehängt (z. B. Kohlenstoff-14). Häufiger jedoch tritt an die Stelle des Elementnamens dessen chemisches Symbol. In diesem Falle kann die Massenzahl entweder angefügt (C-14) oder dem Symbol (als Hochzahl) vorangestellt werden ($^{14}C$). Im vorliegenden Text werden diese drei Schreibweisen nebeneinander verwendet.

## 64 Nutzung der Kernenergie

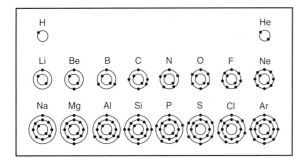

*Abb. 18: Nach dem BOHRschen Atommodell konstruierte Elektronenanordnungen für verschiedene Elemente.*

In einigen Fällen können die Nukleonen eines radioaktiven Kerns unterschiedlich angeordnet sein (sog. isomere Kerne). Diese kurzlebigen Radionuklide werden durch den Zusatz „m" zur Massenzahl gekennzeichnet. Nach außen hin ist jeder Kern von einer Hülle negativ geladener Elementarteilchen (Elektronen) umgeben. Für ein Verständnis der in diesem Band behandelten Phänomene genügt es, das klassische Bohrsche Atommodell zugrunde zu legen und davon auszugehen, daß diese Partikel auf verschiedene Niveaus, sog. Schalen, verteilt sind (siehe Abb. 18). Dabei ist die Zahl der Elektronen stets gleich der der Protonen; somit wird die positive

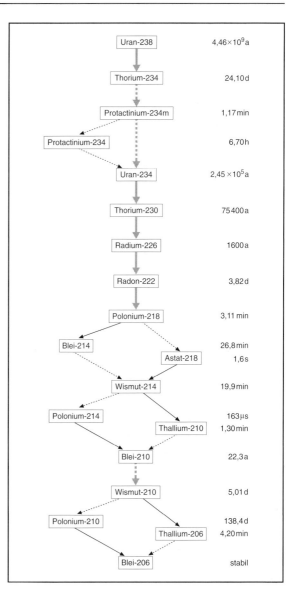

*Abb. 19: Uran-Zerfallsreihe (nach [123]).*

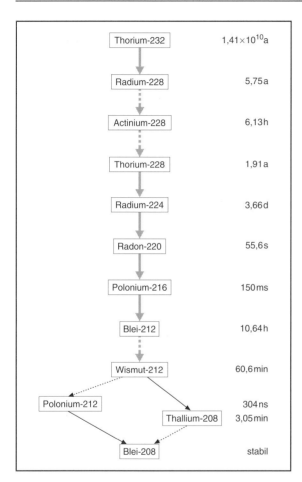

Abb. 20: *Thorium-Zerfallsreihe (nach [123], verändert).*

Überschußladung des Kerns durch die entgegengesetzt geladene „Hülle" gerade neutralisiert.

Nur wenige Elemente – wie die Edelgase – liegen in der Natur in Form einzelner Atome vor. In den meisten Fällen verbinden sich Atomkerne mit identischen Kernen oder aber mit Kernen anderer Elemente zu Molekülen, der Wasserstoff z. B. mit dem Sauerstoff zum Wasser ($H_2O$), mit dem Stickstoff zum Ammoniak ($NH_3$).

Die Hydrosphäre wird im wesentlichen aus den beiden Elementen Wasserstoff und Sauerstoff aufgebaut; dagegen bestehen die äußeren Schichten der Erdkruste (Lithosphäre) aus Sauerstoffverbindungen verschiedener Metalle. Unter diesen befinden sich auch zwei der schwersten Elemente, das Uran und das Thorium. Von beiden existieren keine stabilen Isotope. Ihre Kerne zerfallen mit einer charakteristischen Halbwertszeit in eine Aufeinanderfolge von ebenfalls radioaktiven Tochterprodukten (siehe Abb. 19 und 20), die schließlich bei stabilen Isotopen des Elements Blei enden.

## 5.1 Radioaktivität

Für den spontanen Zerfall instabiler Atomkerne prägte die französische Physikerin Marie Curie den Begriff „Radioaktivität". Der Naturwissenschaftler versteht darunter den spontanen Zerfall von Atomkernen. Dieser wurde erst 1896 durch den französischen Physiker Henri Becquerel an uranhaltigen Mineralien entdeckt. Heute charakterisieren wir ein radioaktives Isotop, kurz als Radionuklid (abgek.: RN) bezeichnet, durch die Zeitspanne, innerhalb der die Hälfte der Kerne zerfällt (die sog. Halbwertszeit) und den bei dieser spontanen Spaltung freigesetzten Energiebetrag.

Der Kernzerfall kann auf verschiedenen Wegen erfolgen. In vielen Fällen wandelt sich eines der Neutronen unter Emission eines Elektrons in ein Proton um:

$$n^\circ \rightarrow p^+ + e^-.$$

Auf diese Weise entsteht ein Kern mit einer höheren Ordnungszahl; das entsprechende Element nimmt im Periodischen System den nächsthöheren Rang ein. Ein biologisch wichtiges Beispiel ist die Umwandlung von radioaktivem Wasserstoff (Tritium) mit seinen – dem einen Proton beigesellten – zwei Neutronen in den Kern des stabilen Heliums:

$$\text{Wasserstoff-3} \rightarrow \text{Helium-3} + e^-.$$

Das bei dieser Spaltung entstandene Elektron verläßt den Kernraum als sog. β-Strahlung. Deren mittlere Energie läßt sich in einer beliebigen Einheit ausdrücken; zweckmäßig ist die Angabe in Elektronenvolt; beim erwähnten Tritium-Zerfall beträgt dieser Wert 18.610 eV =

*Tab. 11: Halbwertszeiten und Zerfallsenergien der wichtigsten erwähnten Radionuklide.*

| Radionuklid | Halbwertszeit | | Zerfallsenergie [MeV] |
|---|---|---|---|
| Wasserstoff-3 (Tritium) | 12,26 | a | 0,019 |
| Kohlenstoff-14 | 5730 | a | 0,157 |
| Argon-41 | 1,83 | h | 2,49 |
| Kalium-40 | $1,25 \times 10^9$ | a | 1,32 |
| Krypton-85 | 10,72 | a | 0,687 |
| Strontium-89 | 50,52 | d | 1,492 |
| Strontium-90 | 29,0 | a | 0,546 |
| Yttrium-90 | 64,0 | h | 2,283 |
| Ruthenium-103 | 39,24 | d | 0,767 |
| Ruthenium-106 | 372,6 | d | 0,039 |
| Technetium-132 | 78,2 | h | 2,249 |
| Iod-129 | $1,6 \times 10^7$ | a | 0,193 |
| Iod-131 | 8,04 | d | 0,971 |
| Xenon-133 | 5,25 | d | 0,427 |
| Caesium-134 | 2,07 | a | 2,06 |
| Caesium-137 | 30,17 | a | 1,17 |
| Barium-140 | 12,76 | d | 1,03 |
| Cer-141 | 32,5 | d | 0,581 |
| Cer-144 | 284,4 | d | 0,318 |
| Polonium-210 | 138,4 | d | 5,407 |
| Radon-220 | 55,6 | s | 6,404 |
| Radon-222 | 3,82 | d | 5,59 |
| Radium-226 | 1600 | a | 4,870 |
| Thorium-232 | $1,4 \times 10^{10}$ | a | 4,081 |
| Uran-235 | $7,04 \times 10^8$ | a | 4,679 |
| Uran-238 | $4,46 \times 10^9$ | a | 4,039 |
| Plutonium-238 | 87,74 | a | 5,593 |
| Plutonium-239 | $2,41 \times 10^4$ | a | 5,244 |
| Plutonium-240 | 6537 | a | 5,255 |
| Neptunium-239 | 2,35 | d | 0,721 |

18,6 keV. Die mittlere Reichweite des emittierten Elektrons liegt in Luft bei wenigen Zentimetern, in Wasser und im wasserhaltigen Gewebe bei nur ~ 1 μm [42]. Dabei gilt als mittlere Reichweite jene Distanz, innerhalb der die Energie auf den Wert 1/e ≈ 0,37 abfällt. Auf dieser kurzen Strecke werden somit ≈ 63 % der gesamten Zerfallsenergie freigesetzt, wobei im Mittel jeweils 34 eV ausreichen, um ein Molekül des umgebenden Mediums zu ionisieren, d.h. aus dessen Hülle ein Elektron abzuspalten. Damit bildet ein Tritium-Kern bei seinem Zerfall (im Mittel) ~ 550 Ionenpaare. Andere β-Strahler setzen bei ihrem Kernzerfall noch wesentlich größere Energiemengen frei, das Radon-222 z.B. 5,59 MeV. Dabei erzeugt 1 MeV im Gewebe bei einer mittleren Reichweite (r) von mehreren Zentimetern ~ 30.000 Ionenpaare. Diese stark vereinfachte Beschreibung berücksichtigt nicht, daß die gesamte Ionisierung nur innerhalb eines schmalen „Schlauches" von der Länge der jeweiligen Flugbahn erfolgt. Streng genommen sollte man daher die Energieabgabe pro Längeneinheit – nicht pro Volumeneinheit – angeben. Tatsächlich findet man diesen „linearen Energietransfer" (abgek.: LET) aber nur selten angegeben. Physiker wie Strahlenbiologen beziehen die Umsetzungen in der Regel auf eine Kugel mit dem Radius (r), d.h. sie betrachten nicht das zufallsbedingte Einzelereignis, sondern die Auswirkungen einer größeren Zahl von Kernreaktionen.

Viele Atomkerne spalten bei ihrem Zerfall einen Komplex aus zwei Protonen und zwei Neutronen, ein sog. α-Teilchen, ab. Im Gegensatz zu Elektronen kommt diesen schweren Partikeln eine allein durch ihren Energieinhalt bestimmte einheitliche Reichweite zu. Im Gewebe beträgt diese nur wenige Mikrometer. Auf dieser kurzen Strecke wird aber eine Vielzahl von Atomen ionisiert. In der Tat beruht die besonders große biologische Schadwirkung der α-Strahlung auf der extremen Ionenbildung innerhalb eines sehr kleinen Volumenelements.

Bei diesem Spaltungsmodus resultiert aus der Abgabe von zwei Protonen der Kern eines Elements mit einer um zwei Einheiten verringerten Ordnungszahl; mit anderen Worten: Das Zerfallsprodukt steht im Periodischen System zwei Plätze tiefer als das Ausgangsmaterial. So wird z.B. aus dem Radium das Edelgas Radon:

Radium-226 → Radon-222 + Helium-4

Mit dem α- wie auch mit dem β-Zerfall ist oft die Abgabe einer energiereichen elektromagnetischen Strahlung (γ-Strahlung) verbunden, die nun ihrerseits biologische Schäden anrichten kann. Der entscheidende Unterschied zwischen der Emission von Partikeln und der von energiereichen Quanten besteht vor allem darin, daß der Energieinhalt der γ-Strahlung im Gewebe – entsprechend einer Lichtstrahlung – exponentiell abnimmt. Dabei kann die Reichweite selbst im Gewebe bei mehreren Metern liegen.

Daten über die Abgabe radioaktiver Stoffe, deren Ausbreitung und Ablagerung sowie deren mögliche Schadwirkungen kritisch zu beurteilen, wird dem Nichtfachmann allein schon durch das Nebeneinander sehr verschiedener physikalischer Einheiten erschwert. „Nichtfachmann" ist dabei keineswegs nur der Laie, sondern ebenso der Naturwissenschaftler, dessen eigentliches Arbeitsgebiet nicht gerade die Atomphysik oder das Studium der Radiobiologie ist. Hinzu kommt, daß Physiker, Biologen und Mediziner an unterschiedlichen Angaben interessiert sind. Für jeden von ihnen ist es allerdings wichtig zu wissen, wie hoch die Zahl der pro Zeiteinheit spontan zerfallenden Atomkerne ist. Dafür verwenden wir heute die Einheit Becquerel, wobei

1 Becquerel (abgek.: Bq) =
1 Zerfall pro Sekunde.

Tatsächlich ist diese Maßeinheit – zumindest innerhalb der Bundesrepublik Deutschland – erst seit dem 1. Januar 1986 verbindlich; zuvor hatten die meisten Autoren ihre Meßwerte noch in Curie (abgek.: Ci) angegeben. Diese ältere Einheit entspricht der Aktivität von 1 Gramm Radium und damit 37 Milliarden Atomzerfällen pro Sekunde. Als Umrechnungsfaktoren gelten daher

1 Ci  = $37 \cdot 10^9$ Bq
1 Bq = $27 \cdot 10^{-12}$ Ci.

Beide Einheiten erweisen sich als oft wenig praktikabel. Das Curie ist vielfach zu groß, so daß der Physiker mit unterschiedlichen Bruchteilen rechnen muß; er verwendet dafür

1 Millicurie  (abgek.: mCi) = $10^{-3}$ Ci
1 Mikrocurie (abgek.: µCi) = $10^{-6}$ Ci
1 Nanocurie  (abgek.: nCi) = $10^{-9}$ Ci
1 Picocurie  (abgek.: pCi) = $10^{-12}$ Ci.

Auf der anderen Seite ist das Becquerel zu klein, um beispielsweise die Emissionen eines Kraftwerks zu charakterisieren. Daher müssen wir in diesem Fall mit hohen positiven Zehnerpotenzen rechnen:

1 Kilobecquerel   (abgek.: kBq) = $10^3$ Bq
1 Megabecquerel (abgek.: MBq) = $10^6$ Bq
1 Gigabecquerel  (abgek.: GBq) = $10^9$ Bq
1 Terabecquerel  (abgek.: TBq) = $10^{12}$ Bq
1 Petabecquerel  (abgek.: PBq) = $10^{15}$ Bq.

Für den vorliegenden Band wurden sämtliche Angaben auf Becquerel (Bq) bzw. Petabecquerel (PBq) umgerechnet. Dabei gelten dann im Vergleich zu den früher verwendeten Einheiten die Umrechnungsfaktoren

1 PBq = $27 \cdot 10^3$ Ci
1 Ci   = $37 \cdot 10^{-6}$ PBq.

Für eine Abschätzung etwaiger Schadwirkungen ist es wichtig zu wissen, welche Energiemenge bei dem Zerfall eines Kerns freigesetzt wird. Diese Größe läßt sich – wenn man sie auf die dem Chemiker vertraute Menge eines Mols (= $6,023 \cdot 10^{23}$ Moleküle) beziehen will – in Joule (abgek.: J, identisch mit Wattsekunden = $10^7$ erg) oder aber – für den einzelnen Kern – in Elektronenvolt (abgek.: eV) angeben. Hier gelten die Umrechnungsfaktoren

$1\,J = 6{,}24 \cdot 10^{18}$ eV
$1\,eV = 1{,}60 \cdot 10^{-19}$ J.

Nur ein Teil dieser Energie wird vom umgebenden Medium (Luft, Wasser oder lebendem Gewebe) absorbiert. Die Radiobiologen sprechen hier von der „**r**adiation **a**bsorbed **d**ose (abgek.: rad). Die Dosis von 100 erg (= $10^{-5}$ J) pro Gramm (= 0,01 J/kg) bestrahlter Substanz bezeichnete man als 1 rad. Auch hier gilt inzwischen eine neue Einheit; sie entspricht der Energieaufnahme von 1 J/kg und trägt die Bezeichnung Gray (abgek.: Gy). Es gelten die Umrechnungsfaktoren

1 Gy = 100 rad
1 rad = 10 Milligray (abgek.: mGy).

Für eine Abschätzung der Strahlenwirkung ist es unerläßlich, diese Größen auf eine bestimmte Substanzmenge (charakterisiert durch deren Volumen oder Masse) zu beziehen. Betrachtet man einen Gasraum, etwa die Atmosphäre, so erweist sich die Relation auf 1 m$^3$ als zweckmäßig; für die Exposition von Organismen oder von Flüssigkeiten bietet sich statt dessen die Bezugnahme auf 1 Liter (1.000 ml) oder aber auf 1 Kilogramm (kg) an. Nur bei flächenhafter Belastung – z.B. einer Kontamination des Bodens durch radioaktive Niederschläge oder einer Verunreinigung von Gewässern durch Sedimentation von wasserunlöslichen Radionukliden – sollte man die Aktivitäten auf 1 m$^2$, bei sehr niedrigen Werten auf 1 km$^2$, beziehen.

Den Physiker mag die Angabe der Energieabsorption in rad oder Gray zufriedenstellen, dem Biologen und dem Mediziner kann sie nicht genügen. Auf den Organismus, dessen unterschiedliche Gewebe, ja sogar auf die verschiedenen Zellen und deren Bausteine (Zellkern, Membranen u.a.) wirken die drei Strahlenarten höchst unterschiedlich. Für eine Beurteilung der biologischen Wirksamkeit von Radionukliden muß man daher Korrekturfaktoren (oft mit dem Kürzel RBW = **R**elative **B**iologische **W**irksamkeit bezeichnet) einführen. Im allgemeinen rechnet man mit folgenden Werten:

α-Strahlen = 20
β-Strahlen = 1
γ-Strahlen = 1.

Mit diesem Schritt verläßt der Naturwissenschaftler allerdings den Boden exakter Meßbarkeit; nicht ohne Grund sind die RBW-Faktoren daher umstritten. Durch die Multiplikation des (physikalisch exakt meßbaren) rad-Wertes mit dem sehr unsicheren (weitgehend auf Schätzungen beruhenden) RBW-Faktor ergibt sich die sog. Äquivalentdosis; sie wird durch Angabe von rem-Werten (= **r**oentgen **e**quivalent **m**an) charakterisiert. Ihrer Definition nach gelten diese Werte allein für den Menschen (man). Obwohl wir sie nicht ohne weiteres auf Tiere und Pflanzen übertragen dürfen, wurde im vorliegenden Text für alle Organismen einheitlich nur diese Einheit verwendet[7].

Die rem-Werte lassen die unterschiedliche Empfindlichkeit verschiedener Organe außer Betracht. Um beispielsweise die besondere Gefährdung der Schilddrüse durch den Einbau radioaktiven Iods zu berücksichtigen, wird ein weiterer Korrekturfaktor erforderlich; der Mediziner bekommt auf diese Weise eine „effektive Äquivalentdosis". Auch diese wird in rem (oder Sievert) angegeben. Um abschätzen zu können, in welchem Ausmaß eine – z.B. infolge eines Reaktorstörfalls – erhöhte Radioaktivität das Krebs-Risiko der Bevölkerung vergrößert, mittelt man über eine möglichst große Zahl unterschiedlich empfindlicher Personen. Durch die Multiplikation der individuellen Äquivalentdosis (in rem) mit der Zahl der exponierten Personen kommt man zu der Einheit man-rem. In Kenntnis dieser statistischen Größe lassen sich Gesundheitsrisiken besser abschätzen als aufgrund der auf einzelne Personen bezogenen Äquivalentdosis.

Vielfach interessiert nicht so sehr die Dosis als deren jeweiliger Momentanwert. Grenz- und Interventionswerte werden zumeist auf den Zeitraum eines Jahres (abgek.: a) bezogen. Für Organismen, die ihren Aufenthaltsort wechseln, aber auch um kurzzeitige Belastungen zu charakterisieren, ist es oft zweckmäßiger, auf die innerhalb einer Stunde (abgek.: h) absorbierte Dosis zu beziehen. Man erhält auf diese Weise Äquivalentdosisraten, die oft auch als Ortsdosisraten bezeichnet werden.

## 5.2 Natürliche Radioaktivität

Alle Organismen, insbesondere die landbewohnenden Arten, sind einer natürlichen Radioaktivität ausgesetzt. Diese hat im wesentlichen zwei Quellen:

1. die kosmische Höhenstrahlung;
2. die Strahlung natürlich vorkommender Radionuklide.

Die sog. Höhenstrahlung, die außerhalb der Erdatmosphäre (Primärstrahlung) aus extrem energiereichen Partikeln (mit Energien zwischen $10^9$–$10^{18}$ eV), an der Erdoberfläche (Sekundärstrahlung) vorwiegend aus Protonen und Neutronen, daneben aus α-Teilchen (Helium-Kernen) und nur zu einem sehr geringen Teil aus schwereren Kernen bis hin zu denen des Elements Eisen besteht [73], bedeutet in Meereshöhe eine jährliche Belastung von 28 mrem [31], d.h.

---

[7] An die stelle des rem ist inzwischen die neue Einheit Sievert (abgek.: Sv) getreten. Hier gilt: 1 rem = 0,01 Sv. Da sich diese Einheit jedoch noch nicht allgemein durchgesetzt hat, werden im vorliegenden Text alle Daten in rem bzw. dessen abgeleiteten Einheiten (mrem, μrem) angegeben.

etwas mehr als 3 μrem/h. In 1.000 m Höhe werden ~ 4,6 μrem/h, in 3.000 m Höhe ~ 9 μrem/h gemessen [31]. Durch diesen ständigen Partikelstrom entstehen in der höheren Atmosphäre verschiedene Radionuklide (siehe Tab. 12), die in die Hydrosphäre (Ozeane, Seen und Flüsse) wie auch in den Boden übertreten können. Ein wichtiges Beispiel ist die Umsetzung des Stickstoffs mit Neutronen; sie läßt das radioaktive Kohlenstoff-Isotop $^{14}C$ entstehen:

$$^{14}N + n^\circ \rightarrow {}^{14}C + e^-$$

Zu dieser geringen Strahlenbelastung, mit der sich die Organismen seit der Besiedlung der Kontinente, d. h. seit ~ 400 Millionen Jahren – während früherer geologischer Epochen sicherlich in weit stärkerer Dosis – „abfinden" mußten, addiert sich die terrestrische Komponente der natürlichen Radioaktivität. Im weltweiten Mittel erreicht diese die gleiche Größenordnung wie die Höhenstrahlung, in der bodennahen Luftschicht ~ 4,5 μrem/h [170]. Wenn diese auch örtlichen Schwankungen unterliegt, so können wir doch davon ausgehen, daß 95 % der Weltbevölkerung einer Strahlungsintensität zwischen 2,3 und 6,8 μrem/h ausgesetzt sind; kaum 3 % müssen Dosisraten von ≥ 11 μrem/h hinnehmen.

In Deutschland wird diese natürliche Strahlung vor allem durch das extrem langlebige Kalium-Isotop $^{40}K$ (HWZ: 1,25 Milliarden Jahre) verursacht. Im natürlichen Isotopengemisch des Kaliums ist es nur zu 0,012 % enthalten. Da der Untergrund in den einzelnen Gebieten verschiedene Kalium-Konzentrationen aufweist, ist die Strahlenbelastung durch dieses Isotop ortsabhängig. Besonders kaliumreich sind verschiedene Eruptivgesteine wie die Feldspäte und Glimmer. Wenn man weltweit auch nur mit ~ 3,4 μrem/h zu rechnen hat [72], so variieren die Werte allein in der Bundesrepublik zwischen Schleswig-Holstein mit 4,2 μrem/h, dem Gebiet des Kaiserstuhls mit ~ 15 μrem/h und dem Katzenbuckel bei Mosbach (Baden) mit 72 μrem/h um den Faktor 17 [91]. Für das Rheintal ist mit Werten zwischen 5,7 und 6,8 μrem/h, für den Schwarzwald zwischen 8,0 und 17,1 μrem/h zu rechnen. Nur an wenigen mitteleuropäischen Standorten emittiert neben dem Kalium auch das noch längerlebige Rubidium-87 (HWZ: ~ 490 Milliarden Jahre) eine meßbare β-Strahlung [166].

Unter den natürlichen RN der oberen Bodenschichten spielt das Uran eine gewichtige Rolle. In Böden der USA werden bis zu 120 Bq/kg Uran-238 (HWZ: ~ 4,5 Milliarden Jahre) gemessen. Dabei wird dieses Isotop stets noch von dem kürzerlebigen Uran-235 (HWZ: ~ 700 Millionen Jahre) begleitet [166]. Die erhöhte Radioaktivität mancher tropischer Böden, verursacht durch Uran, Thorium und deren Abkömmlinge, wird oft allein als „α-Aktivität" registriert. Diese erreicht in Zentralafrika stellenweise mehr als 1.000 Bq/kg. Auch in Deutschland enthalten die oberflächennahen Bodenhorizonte gelegentlich größere Mengen an Uran und/oder Thorium nebst deren Tochterprodukten. An diesen Standorten ist die terrestrische Strahlenbelastung zum Teil bedeutend erhöht. Besonders hohe Ortsdosisraten ergeben sich in der Nähe aufgelassener Stollen oder uranhaltiger Abraumhalden; so wurden bei Menzenschwand (Südschwarzwald) Äquivalentdosisraten von ~ 200 µrem/h gemessen [124].

Über die Exposition der Organismen in jenen Gebieten unserer Erde, in denen der Boden extreme Mengen natürlicher Radionuklide enthält, existiert eine Fülle von Daten [176]. Etliche Untersuchungen zeigen, daß die für den Menschen festgesetzten Grenzwerte (~ 3,4 µrem/h) stellenweise erheblich überschritten werden. Bei der Abschätzung möglicher Schadwirkungen auf Tiere und Pflanzen dürfen wir zwei wichtige Tatsachen nicht aus den Augen verlieren: Viele Organismen reichern einzelne Radionuklide um mehrere Größenordnungen an; sie sind damit einer sehr starken inneren Bestrahlung ausgesetzt. Zum anderen haben sich an Standorten ungewöhnlich hoher natürlicher radioaktiver Strahlenbelastung die Ökosysteme im Laufe von Abertausenden von Generationen an diese Besonderheit ihrer spezifischen Umwelt ebenso adaptieren können, wie dies andere Pflanzen- und Tiergemeinschaften beispielsweise an extreme Trockenheit oder große Temperaturschwankungen getan haben. Es ist davon auszugehen, daß strahlenresistente Arten hier Standortvorteile genießen. Zum Unterschied dazu werden erst in jüngster Zeit Ökosysteme – beispielsweise durch den Fallout (siehe Abschnitt 5.3.1) – betroffen, die an diese Belastung keineswegs angepaßt sind.

Zu den wichtigsten Abkömmlingen der Uran-Zerfallsreihe (Abb. 19) gehört das Radium-226 (HWZ: 1.600 a), aus dem wiederum das Edelgas Radon-222 (HWZ: 3,8 d) entsteht. In uranhaltigen Böden liegen diese beiden Elemente, zusammen mit weiteren Zerfallsprodukten (vor allem Blei-210 und Polonium-210), nebeneinander vor. In Irland besitzen einzelne Böden mehr als 100 Bq/kg Radium-226, in Tschechien stellenweise sogar bis zu 140 Bq/kg [149]. Hohe Radiumgehalte sind auch aus Böden der russischen Taiga bekannt; in ihnen wurden Ortsdosisraten bis zu 4.000 µrem/h gemessen.

An etlichen Stellen verursacht das Radium eine erhebliche Radioaktivität von Quellwässern. So werden im Gebiet um Joachimsthal (Erzgebirge) Aktivitätskonzentrationen von mehr als 11.000 Bq/l [11], bei Ramsar (Iran) noch weit höhere Werte gemessen [62]. Problematisch kann dies für die Trinkwasserversorgung dort werden, wo das Wasser aus besonders tiefen Schichten gewonnen wird. So wurden im US-amerikanischen Bundesstaat Arkansas Werte bis zu 100.000 Bq/l gemessen [171].

In verschiedenen Gebieten wird die bodennahe Luftschicht – und damit auch die Vegetation – durch das aus dem Uran-Zerfall resultierende Radon-222 kontaminiert. Weltweit werden über den Kontinenten i. a. nur Aktivitätskonzentrationen zwischen 2 und 20 Bq/m$^3$ gemessen. An einigen Orten jedoch bedingt der Austritt dieses Gases aus dem Boden erhebliche Ortsdosisraten, in der Nähe von Salt Lake City (US-Bundesstaat Utah) bis zu 1,1 mrad/h [152]. Da es sich bei diesem Edelgas um einen α-Strahler handelt, ist von einem Bewertungsfaktor von 20 auszugehen (siehe oben). Damit resultiert an dem betreffenden Standort eine Äquivalentdosisleistung von 22.000 μrem/h; sie überschreitet den für Menschen zulässigen Grenzwert (siehe unten) um mehr als das 6.000fache. Zwar kennen wir auch in Deutschland einige hinsichtlich ihrer Radon-Aktivität extreme Standorte; in ihrer Intensität sind sie aber mit diesen Werten nicht vergleichbar.

Allein in der Nähe von Uranminen und auf Abraumhalden (siehe Abschnitt 5.2.1), so bei Menzenschwand (Südschwarzwald), sind Äquivalentdosisraten bis zu 200 μrem/h gemessen worden [124]. Dabei lagert sich das Edelgas zusammen mit seinen Folgeprodukten (Blei-210, Wismut-210 und Polonium-210) leicht an Aerosol-Partikel an [84], die mit der Atemluft aufgenommen werden.

*Tab. 12: Durch die kosmische Strahlung erzeugte Radionuklide (nach [122], verändert).*

| Radionuklid | Produktionsrate [Atome/cm$^3$×s] | Halbwertszeit | | Gesamtmenge | |
|---|---|---|---|---|---|
| Kohlenstoff-14 | 2,5 | 5 730 | a | 75 | t |
| Tritium | 0,25 | 12,3 | a | 3,5 | kg |
| Beryllium-7 | 0,081 | 53,3 | d | 3,2 | g |
| Beryllium-10 | 0,045 | 1 600 000 | a | 430 | t |
| Argon-39 | 0,0056 | 269 | a | 22 | kg |
| Chlor-36 | 0,0011 | 300 000 | a | 15 | t |
| Phosphor-32 | 0,00081 | 14,3 | d | 0,4 | g |
| Phosphor-33 | 0,00068 | 25,3 | d | 0,6 | g |
| Silicium-32 | 0,00016 | 100 | a | 2 | kg |
| Aluminium-26 | 0,00014 | 720 000 | a | 1,1 | t |
| Natrium-22 | 0,000086 | 2,6 | a | 1,9 | g |

In Böden der USA erreicht der α-Strahler Thorium-232 (HWZ: ~ 14 Milliarden Jahre) stellenweise Konzentrationen bis zu 140 Bq/kg [49]. Daraus resultieren z. T. Dosisleistungen von > 0,1 mrad/h – entsprechend einer Äquivalentdosisleistung von 2.000 µrem/h. Extremwerte werden aus dicht besiedelten Gebieten des südindischen Bundesstaates Kerala berichtet. Dort leben rund 70.000 Menschen auf einer ~ 100 km² großen Fläche, die mit einem ungewöhnlich thoriumreichen Sand – an einzelnen Stellen bis zu 10,5 % Thorium – bedeckt ist [11]. Die Ortsdosisleistung erreicht dort Werte bis zu ~ 450 µrem/h. Sehr hohe Strahlendosen werden auch aus Brasilien gemeldet, so aus der Provinz Espirito Santo, aus der Umgebung von Rio de Janeiro und aus Minas Gerais. In der Nähe der Küste erreicht die Ortsdosisrate dort stellenweise ~ 2.000 µrem/h [73], in Minas Gerais vielfach sogar 8.000 µrem/h. Diese Spitzenwerte entsprechen dem > 2.000fachen der Grenzdosis (siehe unten). Hinzu kommt dort noch eine γ-Strahlung von stellenweise 3.000 µrem/h [53]. Dabei ist der RN-Gehalt so hoch, daß die dort lebenden Pflanzen sich auf Röntgenfilmen durch ihre eigene Strahlung autoradiographisch abbilden [53].

In Böden der russischen Taiga wurden – neben durch Radium verursachten Ortsdosisraten zwischen 1.000 und 80.000 µrem/h – auf Thorium-232 zurückgehende Werte zwischen 6.000 und 8.000 µrem/h gemessen [96]. Die Thorium-Begleiter (Abb. 20), z. B. die Zerfallsprodukte Radium-224 (HWZ: 3,6 d) und Radon-220 (HWZ: ~ 56 s), sind wegen ihrer kurzen Halbwertszeiten weniger gefährlich als die entsprechenden Isotope aus der Uran-Reihe (Abb. 19).

Eine bis vor kurzem „übersehene", zumindest unterschätzte Belastung geht von aktiven Vulkanen aus. Für den Ätna wurde gezeigt, daß heiße Lava erhebliche Mengen an Radon-222 zusammen mit verschiedenen Verbindungen (zumeist Chloriden) der wichtigsten Tochterprodukte (Blei-210, Polonium-210 und Wismut-210) enthält [101]. Insbesondere Polonium findet sich in der Nähe des Ätna-Kraters um den Faktor 100.000 angereichert; erhöhte Gehalte an diesem Metall sind noch über Hunderte von Kilometern hinweg zu messen. Beim Ausbruch des Mount St. Helens im US-Bundesstaat Washington (18. Mai 1980) wurde neben erheblichen Mengen an Uran und Polonium auch natürlich entstandenes Plutonium freigesetzt. Demnach ist es offenbar in früheren Erdzeitaltern (in denen die Uran-Konzentrationen noch wesentlich höher lagen) an verschiedenen Stellen der Erde zu spontanen Kettenreaktionen des Uran-235 gekommen. Dagegen entließ der El Chicón in Mexiko bei seinem Ausbruch am 28. März 1982 verschiedene Thorium-Isotope. Es ist bedauerlich, daß gerade aus der Umgebung von Vulkanen keine Daten über die RN-Gehalte von Böden und Vegetation vorliegen.

Leider besitzen wir auch über den RN-Transport durch Meteoriten noch keine verläßlichen Daten. Immerhin fängt die Erde täglich ~ 1.200 Tonnen an Meteoriten auf, die für $10^7$–$10^9$ Jahre der kosmischen Strahlung ausgesetzt waren; sie dürften zum Teil erhebliche RN-Mengen mitführen. Russischen Berichten ist zu entnehmen, daß nach dem Einschlag des Tunguska-Meteoriten (30. Juni 1908) die Radioaktivität im Holz sibirischer Bäume deutlich erhöht war.

### 5.2.1 Bergbau und Kohleverbrennung

Der Mensch ist nicht nur „extern" durch die Höhenstrahlung und die vom unbearbeiteten Untergrund ausgehende Strahlung, sondern auch durch Einatmen partikelgebundener Radionuklide gefährdet. Diese finden sich z. B. im Staub, der zu einem Teil auf die Förderung, den Transport und die Handhabung der Kohle zurückgeht. Außerdem ist der Mensch vielfach innerhalb der Städte, selbst seiner Häuser, einer intensiven Strahlung ausgesetzt. Diese rührt einmal von der Radioaktivität gewisser Baumaterialien (siehe Abschnitt 5.2.2), zum anderen von der Radonkonzentration der Innenluft her. In den meisten Industrieländern kommt noch eine weitere Belastung durch die Röntgendiagnostik und Radiotherapie hinzu.

Zu den vom Menschen genutzten radionuklidhaltigen Energiequellen zählt die Kohle. Tatsächlich kommt es in der Nähe von Kraftwerken durch die in der verheizten Kohle enthaltenen RN zu einer radioaktiven Umweltbelastung (siehe Tab. 13). Steinkohle enthält neben Kalium-40 und den beiden extrem langlebigen α-Strahlern Uran-238 (HWZ: 4,5 Milliarden Jahre) und Thorium-232 (HWZ: ~ 14 Milliarden Jahre) vor allem deren Spaltprodukte Radium-226 (HWZ: 1.600 a) und Radon-222 (HWZ: 3,82 d). Bei der Verbrennung werden bis zu 4.000 Bq/kg an natürlichen RN freigesetzt, davon nahezu 2.400 Bq/kg an Blei-210 (HWZ: 22,3 a) und 1.400 Bq/kg als extrem langlebiges Kalium-40. Pro 1.000 MW Kraftwerksleistung beträgt die jährliche Emission (siehe Tab. 13) ~ $4 \cdot 10^9$ Bq Blei-210 und $7,4 \cdot 10^9$ Bq Polonium-210, denen noch bis zu $75 \cdot 10^9$ Bq Radon-222 hinzuzurechnen sind [57]. Stellenweise besitzt Kohle einen noch höheren RN-Gehalt; dies gilt z. B. für Saarkohle mit bis zu 66 Bq/kg Polonium-210 [30]. Es ist dennoch übertrieben zu behaupten, daß für deren „Verbrennen ... strenggenommen eine atomrechtliche Genehmigung erforderlich" wäre.

In der Bundesrepublik dürfte die Strahlenbelastung in der Nähe der Kraftwerke die Grenze von 0,1 µrem/h selten übersteigen; dagegen wurden in England bis zu ~ 2,6 µrem/h gemessen [30]. Kritisch kann die Strahlenbelastung allein für Kraftwerksarbeiter sein, die Ortsdosisraten bis zu 500 µrem/h ausgesetzt sein können. So soll es in Jugoslawien – in erster Linie

*Tab. 13: Mittlere Aktivität von Steinkohle und Braunkohle (Daten in Bq/kg) und jährliche Radionuklid-Emission eines Steinkohle- und eines Braunkohlekraftwerks (Daten in $10^6$ Bq/ 1.000 MW, nach [30], verändert).*

| Radionuklid | Mittl. Aktivität (Bq/kg) | Jährl. RN-Emission ($10^6$ Bq/GW) |
|---|---|---|
| *Steinkohle* | | |
| Uran[1] | 37 | 740 |
| Polonium-210 | 30 | 7.400 |
| Blei-210 | 26 | 3.700 |
| Thorium[2] | 19 | 730 |
| Radium-226 | 19 | 370 |
| *Braunkohle* | | |
| Uran[3] | 15 | 240 |
| Polonium-210 | 11 | 370 |
| Blei-210 | 11 | 180 |
| Thorium[4] | 15 | 149 |
| Radium-226 | 11 | 75 |

1) Uran-234 zusammen mit Uran-238 und Thorium-230.
2) Thorium-232 zusammen mit Thorium-238.
3) Gemisch der Isotope Uran-234 und Uran-238.
4) Gemisch der Isotope Thorium-220, Thorium-230 und Thorium-232.

wohl durch Polonium-210 und Blei-210, vielleicht aber auch durch Radium-226 – zu Chromosomenschäden gekommen sein.

Es ist bekannt, daß etliche Pflanzen Uran und dessen Zerfallsprodukte akkumulieren (siehe Abschnitt 5.4). Da RN-reiche Abraumhalden aber rekultiviert werden können, scheint die Belastung durch eingelagertes Uran und dessen Tochterprodukte nicht zwangsläufig zum Absterben ganzer Bestände zu führen. Offensichtlich sind viele Arten sehr strahlenresistent. Auf der anderen Seite muß aber mit dem Verschwinden empfindlicher Arten gerechnet werden.

Inwieweit die emittierten RN über Boden und Pflanzen auch in die Nahrungskette des Menschen gelangen, ist nicht zuletzt eine Frage der Löslichkeit der betreffenden Ionen. Leider sind über die Radioaktivität von Böden in der Nähe konventioneller Kraftwerke nur wenige verläßliche Daten zu erhalten. Da die abgegebenen Verunreinigungen aber vor allem in Form glasartiger „Schmelzkügelchen" anfallen, sind viele Elemente nur sehr schwer löslich; sie können daher auch nicht in die Biomasse eingebaut werden.

Mehr noch als der Kohlebergbau gefährdet der Erzbergbau die Umwelt. An vielen Orten stellt der Abbau radioaktiver Erze eine ernste Gefahrenquelle dar. Durch den wachsenden Bedarf vor allem an Uran werden radioaktive Mineralien aus tieferen Schichten der Erdkruste an die Oberfläche befördert. Weltweit wurden allein im Jahre 1971 durch Uran, Thorium und deren Tochterprodukte ~0,7 PBq an die Umwelt abgegeben [134]. Nicht unerhebliche Mengen („einige Curie", d. h. sicherlich mehr als $10^{11}$ Bq) gelangten in das Abwasser. Im Gebiet des Nordschwarzwalds wurden bei Wittichen in Stollenwässern Dosisraten ermittelt, welche das Limit für Trinkwasser klar überschreiten. Durch Grubenwässer weist die Lippe einen Radiumgehalt von 0,04–0,1 Bq/l auf; das aber bedeutet, daß dieser Fluß pro Jahr mehrere Milliarden Becquerel dieses RN aufzunehmen hat [35].

Besonders kritisch ist der α-Strahler Radon-222, dessen Konzentration in stillgelegten Stollen, die mangels Durchlüftung nur sehr langsam ausgasen, sowie auf und in unmittelbarer Nähe von uranhaltigen Abraumhalden extreme Werte erreicht. Durch Radon-222 wurden im Gebiet um Joachimsthal Luftbelastungen von mehr als 10 Millionen Bq/m³ registriert [11]; in der Bodenluft bei Wittichen sind sogar mehr als 20 Millionen Bq/m³ gemessen worden [153]. In der Nähe von Menzenschwand (Südschwarzwald) ergaben sich dadurch Dosisraten von 1,8 rem/a (∼ 200 μrem/h), d. h. mehr als das 50fache des für die Bevölkerung zulässigen Grenzwerts. Dies gilt auch für das Gebiet um Wittichen (Nordschwarzwald), wo – im Gebiet der sog. „Alten Schmiede" – sogar Dosisraten von 3.400 μrem/h, d. h. (bei 24 h Stunden Aufenthalt) Expositionen von 30 rem/a gemessen wurden.

## 5.2.2 Baustoffe und Innenraumbelastung

Durch die Verwendung radioaktiver Baustoffe setzt sich der Mensch an vielen Orten einer zusätzlichen Strahlenbelastung aus; sie kann die im Freien enthaltene Dosis erheblich übersteigen. Die Hauptgefahr geht dabei vom Radon-222 aus. Dieser α-Strahler reichert sich in all jenen Häusern an, bei denen uranhaltige Gesteine verbaut wurden. Dabei können die Aktivitätskonzentrationen in schlecht gelüfteten Räumen auf Werte bis zu 700 Bq/m³, in Badezimmern gelegentlich sogar auf > 5.000 Bq/m³ ansteigen [171]. Während die Radioaktivität skandinavischer Hölzer bei 1 Bq/kg liegt, erreichen die in der Bundesrepublik üblichen Ziegelsteine Werte von mehr als 120 Bq/kg [171]; besonders stark radioaktiv ist – mit Werten von über 500 Bq/kg – der radiumreiche „Chemiegips", auf dessen Verwendung die deutsche Baustoff-Industrie künftig verzichten will [35]. In den USA wurde stellenweise (im Bundesstaat Colorado) Abraumschutt verbaut, der eine Aktivitätskonzentration von mehr als 4.600 Bq/kg besaß [171].

## 5.3 Künstliche Radioaktivität

### 5.3.1 Atomwaffen und Fallout

Eines der betrüblichsten Kapitel in der Geschichte bewußt in Kauf genommener Umweltbelastungen stellen die in Ost und West – besonders von den USA und der ehemaligen Sowjetunion – durchgeführten Kernwaffentests dar. Durch sie wurden Hunderttausende von Petabecquerel (zur Erinnerung: 1 PBq = $10^{15}$ Bq) freigesetzt. Ein beträchtlicher Teil gefährlicher Radionuklide gelangte in die Biosphäre, viele von ihnen reicherten sich in Pflanzen und Tieren bis zum 100.000fachen an (siehe Abschnitt 5.4). Dadurch stieg die Strahlenbelastung der Organismen auf der Nordhalbkugel bis Ende 1983, dem Maximum des Fallout (abgek.: FO), um $\sim$ 3 μrem/h [124].

Eine oberirdisch gezündete Atombombe („Spaltungsbombe"), deren Sprengkraft der von 1 Megatonne TNT (Trinitrotuluol) entspricht, setzt infolge von mehr als $10^{26}$ Kernspaltungen eine Energiemenge von $\sim 10^9$ Kilowattstunden (kWh) frei; es kommt dadurch zur Emission von nahezu 4 PBq an radioaktiven Spaltprodukten. Diese Radionuklidmenge entspricht der jährlichen Emission eines mittelgroßen Kernkraftwerks. Unter den mehr als 200 RN [20] einer auf der Spaltung des Uran-235 beruhenden Bombe dominiert das Tritium. Daneben werden neben etlichen anderen Radionukliden $\sim$ 0,4 BPq an Kohlenstoff-14 freigesetzt. Eine Fusionsbombe („Wasserstoffbombe") gleicher Sprengkraft emittiert 1.850 PBq (d.h. die 500fache Menge) an Spaltprodukten, darunter mindestens 200 PBq Tritium [137].

Allein bis zum Jahre 1985 wurden weltweit mehr als 1.300 atomare Explosionen ausgelöst, davon mehr als 800 nach dem Atomteststop-Abkommen des Jahres 1968 [37]. Davon wurden etwa ein Drittel oberirdisch gezündet. Da selbst unterirdische Detonationen bis zu $\sim$ 40 PBq Tritium in die Atmosphäre entlassen, muß bis heute mit einer Gesamtproduktion von mehr als 400.000 PBq an RN gerechnet werden. Die bisher stärkste Explosion – und damit größte

*Tab. 14: Bei der Explosion einer Atombombe freigesetzte Radionuklide.*

| Radionuklid | Halbwertszeit | | PBq/Mt TNT |
|---|---|---|---|
| Iod-131 | 8,07 | d | 4625 |
| Zirkon-95 | 65 | d | 925 |
| Strontium-89 | 52 | d | 740 |
| Ruthenium-103 | 39,6 | d | 685 |
| Cer-144 | 295 | d | 137 |
| Ruthenium-106 | 367 | d | 11 |
| Caesium-137 | 30,23 | d | 6 |
| Strontium-90 | 28,10 | a | 4 |
| Kohlenstoff-14 | 5730 | a | 1 |

punktförmige Emission von RN – erfolgte am 30. Oktober 1961 auf dem russischen Testgelände am Nordpolarmeer. Die Sprengkraft der Bombe entsprach der von 60 Mt TNT. Im Vergleich dazu nehmen sich die am 6. August 1945 auf Hiroshima abgeworfene – die Uran-235-Spaltung ausnutzende – Atombombe („Little Boy") mit 0,012 [124] und die drei Tage später auf Nagasaki geworfene Plutonium-Bombe („Fat Man") mit nicht mehr als 0,022 Mt TNT [134] geradezu „bescheiden" aus. Immerhin haben allein durch diese beiden Kernwaffen in Hiroshima ~ 200.000, in Nagasaki ~ 74.000 Menschen ihr Leben verloren. Von dem Ausmaß der Zerstörungen, welche die „modernen" Kernwaffen anrichten, macht man sich angesichts dieser Zahlen keine rechte Vorstellung.

Die bei einer Kernwaffen-Explosion anfallenden Isotope verteilen sich primär über die gesamte Atmosphäre. Erst sekundär reichern sie sich in deren tieferen Schichten an. Sofern sie wasserlöslich sind, gelangen sie von dort aus in die Hydrosphäre, d.h. letztlich in die Ozeane. Der zeitliche Verlauf des Fallout wird durch die Größenverteilung der Teilchen bestimmt. Die schwersten Partikel (mit einem Durchmesser von $\geq 200\,\mu m$) fallen innerhalb weniger Tage in der Nähe des Explosionsortes auf die Erdoberfläche. Bei vielen dieser Isotope ist die Wasserlöslichkeit begrenzt. Sie wirken als sog. „hot spots" [124]; durch ihre intensive Strahlung belasten diese ihr unmittelbares Umfeld, z. B. lebendes Gewebe betroffener Organismen, mit lokalen Äquivalentdosisraten von mehr als einer Milliarde µrem/h.

Ein erheblicher Teil der RN erreicht die Troposphäre [124]; dadurch werden in größeren Höhen Aktivitäten von mehr als 700 Bq/m$^3$ gemessen. Die freigesetzten Partikel kehren zum größten Teil innerhalb von ein bis drei Monaten – vorwiegend in Regentropfen gelöst oder suspendiert, in geringerem Ausmaß auch mit Schneeflocken – auf die Erdoberfläche zurück. Hier überwiegt dann der Niederschlag in einer Breitenzone, die in etwa der des Explosionsortes entspricht. Da das US-amerikanische Testgelände in der Wüste von Nevada auf ~ 37° nördlicher Breite (entsprechend der Höhe von Südspanien) liegt, ist es verständlich, daß ein beträchtlicher Teil des FO über Mitteleuropa niedergeht. Allein die kleinsten Partikel (mit Durchmessern $\leq 5\,\mu m$) kehren erst binnen zehn Jahren aus der Stratosphäre, nunmehr annähernd gleichmäßig über alle Breitenkreise verteilt, auf die Erdoberfläche zurück. Wenn auch der Zuwachs an FO-Produkten seit 1963 ständig zurückgegangen ist, so messen wir dennoch bis heute einen stetigen Zustrom an künstlichen RN, der z.T. auf die fortgesetzten Kernwaffentests der Franzosen und Chinesen zurückgeht. Er belastet die Biosphäre vor allem mit Tritium sowie den beiden Metallen Strontium-90 und Caesium-137.

Anders als bei den Tests der USA belasteten die bei den französischen und chinesischen Kernwaffenexplosionen freigesetzten RN die Biosphäre auf der Nordhalbkugel nur relativ wenig. Da am Beginn dieser Versuchsreihen verbesserte Nachweismethoden zur Verfügung standen, lieferte deren Auswertung wertvolle Aufschlüsse hinsichtlich der Wanderungsgeschwindigkeit der radioaktiven Wolken. Durch einen chinesischen Test am 25. November 1970 stieg die Radioaktivität in der Atmosphäre über den USA auf nahezu 65.000 Bq/m$^3$ an. Nachdem auf dem Gelände bei Lop Nor am 26. Juni 1973 eine Wasserstoffbombe gezündet worden war, erreichte der FO die amerikanische Westküste mit einer Verzögerung von wenigen Wochen. Damals ließ sich zeigen, daß Wälder mit ihrem Kronendach mehr als 80 % des FO „auskämmen" können [98]; andere Ökosysteme erwiesen sich als weit weniger betroffen.

In der Bundesrepublik betrug die Radioaktivität der bodennahen Luftschicht – von Gebieten mit ungewöhnlich hoher Radon-Emission abgesehen (siehe Abschnitt 5.2) – vor Beginn der größeren Waffen-Testserien (1957) im Mittel 0,07 Bq/m$^3$. Nachdem bereits in den 50er Jahren über Washington Werte von 2,2 Bq/m$^3$ registriert wurden, stiegen die Aktivitäten in den folgenden Jahren auch über Mitteleuropa ständig an. Über Norddeutschland erreichte der FO Ende 1962 sein Maximum; damals wurden bei Schleswig $2 \cdot 10^6$ Bq/m$^3$ gemessen. Damit hatten die Kernwaffenexplosionen hier die Radioaktivität der Atmosphäre auf das 30millionenfache gesteigert.

Entsprechend stiegen auch die Werte im Regenwasser. Betrug dessen Aktivität vor den Waffentests 0,2–0,9 Bq/l, so wurden 1963 im Einzugsgebiet des Rheins bis zu 740 Bq/l [110], im Rheinwasser selbst Konzentrationen von 110 Bq/l gemessen [49]. Durch dieses Einschleusen in den Wasserkreislauf gelangten die RN auch in die Böden. In Nordrhein-Westfalen erreichten 1979 die Caesium-134-Konzentrationen Werte bis zu 40 Bq/kg (Trockenmasse); die entsprechenden Daten für Strontium-90 lagen im gleichen Zeitraum stellenweise bei mehr als 7 Bq/kg [35]. Die meisten dieser RN verblieben lange Zeit in den oberen ein bis zwei Zentimetern; erst nach fünf Jahren waren sie zu 60–85 % auf 3–5 cm Tiefe abgesunken.

Unter den Bestandteilen des FO fällt der ungewöhnlich hohe Anteil an Tritium auf. Vor Beginn der Testserien dürfte dessen atmosphärische Konzentration etwa 370 Bq/m$^3$ betragen haben [91]. Durch die Kernwaffenexplosionen wurden allein bis 1978 ~ 63.000 PBq Tritium produziert. Beim Zerfall dieses relativ kurzlebigen Wasserstoff-Isotops (HWZ: 12,26 a) entsteht das stabile Helium-3; dabei wird ein Energiebetrag von 18,6 keV freigesetzt. Eine explodierende 1 Mt-Fusionsbombe emittiert nahezu 250.000 PBq, nach anderen Quellen sogar 480.000 PBq Tritium [90]. Selbst bei unterirdischen Explosionen werden noch 0,04 PBq Tritium freigesetzt [20]. So stieg die Aktivität der Atmosphäre allein durch das Tritium auf ~ 740.000 Bq/m$^3$ an [91]. Damit hatte sich bereits bis zum Ende der 60er Jahre die Konzentration dieses Isotops mehr als vertausendfacht [124]. Durch die hohe Wasserlöslichkeit des gebildeten THO (d. h. Wasser, bei dem ein Wasserstoffatom durch Tritium ersetzt ist, siehe Abschnitt 5.4.1) nimmt die atmosphärische Konzentration des Tritiums mit einer scheinbaren Halbwertszeit von drei bis fünf Jahren ab, d. h. der größte Teil dieses RN ist mittlerweile in den Ozeanen „verschwunden". Über der Bundesrepublik war der Wert bis zur Tschernobyl-Katastrophe auf 3.700 Bq/m$^3$ abgesunken [110].

Unter den übrigen (mehr als 200, siehe oben) RN des Fallout kommt dem Kohlenstoff-14 besondere Bedeutung zu, zumal es sich dabei um ein Isotop desjenigen Elements handelt, das durch die pflanzliche Photosynthese millionenfach konzentriert in die Biomasse inkorporiert wird. Mit einer HWZ von 5.730 Jahren ist dieses Isotop verhältnismäßig langlebig; seine maximale Zerfallsenergie liegt bei 157 keV. Durch die Höhenstrahlung werden jährlich mindestens 100.000 Bq $^{14}$C produziert [55]. Vor 1950 dürfte es dadurch in der Erdatmosphäre ~ $2,2 \cdot 10^{23}$ Kohlenstoff-14-Kerne gegeben haben. Da eine einzige 1-Mt-Bombe ~ $70 \cdot 10^9$ Bq Kohlenstoff-14 in die Atmosphäre entläßt, verdoppelte sich der Wert allein zwischen 1962/63 und 1966. Auf den Testgeländen stieg die $^{14}$C-Aktivität sogar auf das 30fache [94]. Seither nimmt die atmosphärische Konzentration – vor allem durch den Übertritt des leicht wasserlöslichen $^{14}$CO$_2$ in die Ozeane – um jährlich 2–3 % ab.

Wenn es durch die Waffentests sowie durch die Emissionen der KKW und WAA bisher nicht zu einer noch stärkeren Konzentrierung des $^{14}$C gekommen ist, so liegt dies an der ständigen CO$_2$-Zufuhr durch die Verbrennung von Kohle und Erdöl. Aus den fossilen Brennstoffen ist das $^{14}$C aufgrund seiner begrenzten HWZ praktisch völlig verschwunden; das emittierte Gas ist damit ein Gemisch der stabilen Isotope $^{12}$C und (zu 1,11 %) $^{13}$C. Diese „Verdünnung", gelegentlich als „Suess-Effekt" bezeichnet, darf indessen nicht als Argument für die Unbedenklichkeit der $^{14}$C-Freisetzung verwendet werden.

Wie bei Tritium und Kohlenstoff-14 führten die oberirdischen Kernwaffentests auch bei den Edelgasen zu einem ungeheuren Konzentrationsanstieg. Kurzfristig betrifft dies vor allem mehrere Xenon-Isotope, vor allem das Xenon-133 (HWZ: 5,25 d), das zum stabilen Caesium-133 gespalten wird, sowie das Xenon-135 (HWZ: 9,1 h), das über das langlebige Caesium-135 (HWZ: 3 Millionen Jahre) in das stabile Barium-135 zerfällt [166]. In der freien Atmosphäre liegt die Xenon-Aktivität bei 10.000 Bq/m$^3$. Auch der Gehalt eines anderen

Edelgases, des Krypton, stieg über Mitteleuropa auf das 40fache an.

Von Medizinern wurde insbesondere dem Iod-Anteil des FO besondere Aufmerksamkeit gewidmet. Aufgrund seines niedrigen Siedepunktes (184 °C) liegt ein Teil dieses Elements als Gas vor. Sein natürlicher Gehalt in der Atmosphäre dürfte mit 0,1 µg/m$^3$ anzusetzen sein. Durch die weltweiten Aktivitätsmessungen nach dem Tschernobyl-Desaster ist gezeigt worden, daß Iod-131 über Entfernungen von mehr als 10.000 km verbreitet wird. Für den Menschen besteht die besondere Gefährlichkeit dieses Isotops in dessen raschem Einbau in die Schilddrüse.

Bei Kernwaffenexplosionen entstehen mehr als zehn radioaktive Iod-Isotope, von denen das I-131 (HWZ: 8,04 d) aufgrund seiner hohen Zerfallsenergie (ZE: ~ 0,9 MeV) das gefährlichste ist. Bis zum Ende der 60er Jahre hatte sich dessen atmosphärische Konzentration knapp vertausendfacht [117].

Unter den ausschließlich partikelgebundenen RN nehmen das Strontium-90 (HWZ: 28,1 a) und das Caesium-137 (HWZ: 30,2 a) einen besonderen Rang ein; beide verursachen eine lang anhaltende Verunreinigung des Erdreichs. Caesium-137, das neben seiner β-Strahlung noch eine auf sein Tochterprodukt Barium-137 (HWZ: 2,55 min) zurückgehende γ-Strahlung emittiert, wurde durch den FO erheblich angereichert. Im Unterschied zum Strontium, das rasch sedimentiert, bleibt es in den Ozeanen gelöst; im Süßwasser hingegen verschwindet auch Caesium rasch im Sediment, aus dem es allerdings wenigstens teilweise wieder freigesetzt werden kann. In der Donau erreichte die Caesium-Aktivität 1973 immerhin > 0,3 Bq/l. Nach Kernwaffentests wurden die höchsten Strontium- und Caesium-Konzentrationen in unmittelbarer Nähe der Explosionsorte festgestellt. Besonders hohe lokale Belastungen wurden auf dem Eniwetok-Atoll gemessen, wo bis zum Abschluß der Testserie (1958) 340 PBq Strontium-90 freigesetzt wurden [105]. Im FO erreichte dieses RN dort immerhin Konzentrationen von 26–33 Bq/kg [56].

Durch die Waffentests wurden überdies bis 1980 weltweit > 8.000 kg Plutonium in die Atmosphäre entlassen [124]. Bei diesen Versuchen ereigneten sich schwere „Pannen". Besonders bekannt wurden die Folgen der Explosion einer 15 Mt-Wasserstoffbombe auf dem Eniwetok-Atoll (1. März 1954). Durch den vom Wind über bewohnte Inseln vertragenen FO erhielten damals mehr als 200 Einwohner des Archipels, etliche amerikanische Soldaten und mehrere japanische Fischer Dosen zwischen 14 und 175 rem. Viele von ihnen erkrankten und mußten für mehrere Jahre vom verseuchten Gelände evakuiert werden. Auf dem Atomwaffen-Testgelände im US-Bundesstaat Nevada wurden Bomben von einer Gesamt-Sprengkraft entsprechend 500.000 t TNT oberirdisch gezündet. Die radioaktiven Niederschläge über dem angrenzenden Staat Utah werden von Experten auf 28 kg geschätzt; die genauen Zahlen werden bis heute unterdrückt.

Plutonium gelangte auch außerhalb der Testgelände wiederholt in die Umwelt. So kam es am 21. Januar 1968 beim Absturz eines amerikanischen B52-Langstreckenbombers durch den Aufschlagbrand zur Dispersion des Plutoniums der mitgeführten Atombomben. Dadurch verunreinigten seinerzeit $925 \cdot 10^9$ Bq Plutonium das Meerwasser vor dem Luftwaffenstützpunkt Thule (Grönland). Ein Gebiet von ~ 100.000 m² wurde dadurch mit mehr als $10^6$ Bq/m² verseucht. Bereits zwei Jahre zuvor (16. Januar 1966) hatte ein amerikanischer Atomwaffenträger seine Bomben vor dem spanischen Hafen Palomares verloren; damals erstreckte sich die Kontamination durch mehrere Milliarden Becquerel über ein Seegebiet von mehreren km². In der Zukunft ist immer dann mit erheblichen lokalen radioaktiven Verunreinigungen zu rechnen, wenn eine der inzwischen recht zahlreichen verlorengegangenen Kernwaffen, vor allem viele Atomtorpedos, korrodiert. Auch durch verglühende Satelliten-Batterien gelangt Plutonium immer wieder in die Erdatmosphäre sowie in die Ozeane [38].

Durch alle diese Radionuklide sind die Bürger in der Bundesrepublik Deutschland in den 60er Jahren einer zusätzlichen Strahlenbelastung von maximal 3 µrem/h ausgesetzt gewesen [124]. Weit höheren, z. T. sicherlich lebensgefährlichen Strahlendosen war ein Teil jener 220.000 – nach anderen Angaben 250.000 – Soldaten und 150.000 Zivilisten exponiert, die an den US-amerikanischen Versuchsreihen beteiligt waren.

### 5.3.2 Kerntechnische Anlagen

Die Industrienationen müssen heute nach einem Weg zwischen Scilla und Charybdis suchen: Bei allen denkbaren Sparmaßnahmen und Einschränkungen könnten wir, selbst wenn dies jemand ernsthaft wollte, nicht verhindern, daß außerhalb der „Ersten Welt" eine ständig wachsende und zugleich anspruchsvoller werdende Menschheit von Jahr zu Jahr nach mehr Energie verlangt. Es wäre weder zu erzwingen noch ethisch zu vertreten, Milliarden unserer Mitmenschen, die bis heute keine Glühbirne kennen, auf die Dauer elektrisch angetriebene Maschinen, Kühlschränke, Radio und Fernsehen vorzuenthalten.

Der ständig wachsende Energieverbrauch bei gleichzeitig schrumpfenden Reserven an fossilen Brennstoffen stellt unsere Generation(en) vor schwere Entscheidungen. Sind wir bereit, die Risiken hinzunehmen, die kerntechnische Anlagen in sich bergen? Selbst wenn uns gravierende Störfälle erspart bleiben sollten, so müssen wir uns doch eingestehen, daß niemand weiß, wo wir die hochradioaktiven Abfälle unserer Kernkraftwerke lassen sollen. Dürfen wir unseren Nachkommen zumuten, die Konsequenzen einer Entscheidung zu tragen, auf welche diese keinen Einfluß nehmen konnten?

Für eine Gesundheitsgefährdung des Menschen sind drei Quellen zu berücksichtigen: die extern auftreffende γ-Strahlung aus der Abzugsfahne der Kraftwerke und den am Boden und auf Pflanzenteilen abgelagerten RN, die interne Bestrahlung von Bronchien und Lungengewebe durch eingeatmete radioaktive Gase und/oder Aerosole und schließlich die Strahlenwirkung der mit der Nahrung aufgenommenen RN. Für die zumutbare Strahlenbelastung der Bevölkerung hat die International Commission on Radiological Protection sog. „Grenzwerte" bestimmt. Diese kritische Schwelle liegt für den „Normalbürger" bei 30 mrem/a (∼ 3,4 μrem/h), für das strahlenexponierte Personal von Kliniken und kerntechnischen Anlagen (in der Bundesrepublik mehr als 200.000 Beschäftigte) bei 5 rem/a. Rechnet man bei diesem Personenkreis mit einer jährlichen Arbeitszeit von 2.000 Stunden, so mutet man diesen – medizinisch ständig überwachten – Personen an ihrem Arbeitsplatz eine Belastung von 2.500 μrem/h zu. Dabei teilen die meisten Mediziner und Radiologen die Auffassung der Weltgesundheitsorganisation, wonach es keinen Schwellenwert gibt, unterhalb dessen eine Strahlung wirklich ungefährlich ist. So ist der Grenzwert das Ergebnis eines Kompromisses zwischen zugemutetem Risiko und finanziell wie technisch möglichem Personenschutz.

Das uns „verordnete" Gesundheitsrisiko besteht in dem unlösbaren Dilemma, daß diese Größe das Produkt zweier Faktoren ist: Der Höhe des zu vermutenden Schadens und dessen Eintrittswahrscheinlichkeit. Dabei laufen alle Bemühungen der Wissenschaftler und Techniker darauf hinaus, die Größe des zweiten Faktors kleiner und kleiner zu machen. Was wir indessen nicht beliebig minimieren können, ist die Unzulänglichkeit des Menschen; bisher waren alle ernsten Störfälle (siehe Abschnitt 5.3.2.4) eine Folge menschlichen Versagens. Auf der anderen Seite ist der bei einem Störfall in dichtbesiedeltem Gebiet entstehende Schaden so immens, daß das Produkt der beiden Faktoren nie so klein werden kann, daß nicht viele unserer Mitbürger es ablehnen, das „Restrisiko" zu tragen.

Um eine mögliche Gesundheitsgefährdung der im engeren Umkreis von KKW lebenden Bevölkerung abschätzen zu können, ist es wichtig, die Emissionen radioaktiver Elemente – qualitativ wie quantitativ – zu kennen. Von deren Betreibern wird immer wieder behauptet, daß die „direkte Strahlenexposition durch Kernkraftwerke ... im Mittel nur ein Hundertstel bis ein Tausendstel der natürlichen Strahlenexposition" beträgt [72]. Als Mittelwert dieser „direkten

Belastung" werden 0,01–0,1 mrem/a (~ 0,001–0,01 μrem/h) angegeben. Die Formulierung, daß „in der direkten Umgebung ... bei kerntechnischen Anlagen höhere Werte auftreten", ist sicherlich nicht sonderlich geeignet, das Vertrauen der Bevölkerung in die Zuverlässigkeit einer Technologie zu stärken, deren Chancen und Risiken sie nur schwer gegeneinander abzuwägen vermag [121], auch wenn diese sich selbst als „der Strohhalm, an den sich die Menschheit zum Überleben klammern muß" [123] betrachten mag.

### 5.3.2.1 Kernkraftwerke

Vor einer Diskussion, ob KKW überhaupt einen Einfluß auf die natürlichen Ökosysteme ausüben, ob die von ihnen emittierten Isotope eine Gefahr für die menschliche Gesundheit bedeuten können oder ob die emittierte Strahlung – wie immer wieder behauptet wird – „innerhalb der Streuung der natürlichen Radioaktivität" und des Kernwaffen-Fallout untergeht [121], bedarf es der Vorüberlegung, daß die natürliche Strahlung das ganze Jahr über mit nahezu unveränderter Stärke einwirkt, während Kerntechnische Anlagen (KTA) allein schon der häufigen Abschaltungen wegen ihre radioaktiven Abfälle „schubweise" entlassen [155]. Entgegen der Beteuerung der meisten KKW-Betreiber gilt dies sowohl für Tritium als auch für radioaktives $CO_2$ [155], für Abwasser und den Inhalt der Abklärbecken [162]. Es wäre daher sicherlich redlicher, die Emissionen nicht „über längere Zeit gesehen als quasikontinuierlich" zu bezeichnen oder nur „einzelne betrieblich bedingte erhöhte Tagesabgaben" einzuräumen, sondern die sehr diskontinuierliche Emission offen zuzugeben.

Für eine Abschätzung der Risiken wäre es zudem wichtig, die – leider nicht publizierten – Spitzenwerte zu kennen. Einen Eindruck von den tatsächlichen Emissions-Schwankungen vermittelt eine Analyse der vom US-amerikanischen KKW Shippingport (US-Bundesstaat Pennsylvania) veröffentlichten insgesamt 113 Monatsmittel. Der langjährige (Monats-)Mittelwert – ohne Berücksichtigung der Abschaltzeiten – kann für Tritium mit $95–140 \cdot 10^9$ Bq wiedergegeben werden. Die tatsächlichen Meßdaten streuen aber zwischen $< 2$ und $> 800 \cdot 10^9$ Bq/Monat, d.h. um einen Faktor $> 400$! Anders ausgedrückt: Das errechnete Monatsmittel wird um eine Größenordnung überschritten. Für Tages- oder gar Stundenmittel müssen wir mit noch sehr viel größeren Abweichungen rechnen; die Schätzung, daß Stundenmittel die Jahresmittel um Faktoren bis $\sim 100$ übersteigen, ist eher zu niedrig als zu hoch gegriffen.

Zur Abschätzung der lokalen Belastungen müssen bestimmte Annahmen über die Ausbreitung der Abgasfahnen gemacht werden. Die verwendeten Rechenmodelle sind umstritten. Sie alle gehen von der Voraussetzung aus, daß sich die höchste RN-Konzentration an einem „maximalen Beaufschlagungspunkt" einstellt, der mehrere hundert Meter von der Emissionsquelle entfernt angenommen wird. Dies gilt aber nur bei der vorherrschenden Windgeschwindigkeit. Es bleibt außer Betracht, daß an den Standorten einiger deutscher KKW diese Werte während mehr als 15 % des Jahres unterhalb 2 m/s liegen, für KKW in Tälern (z. B. Obrigheim) zu mehr als einem Drittel der Zeit sogar unterhalb 1 m/s. Damit unterschätzen die üblichen Modellrechnungen die Exposition in der unmittelbaren Umgebung eines Reaktors. Dies gilt nicht zuletzt für die an manchen Standorten häufigen Inversions-Wetterlagen, zum anderen für regnerisches Wetter. Hier kommt es insbesondere für leicht wasserlösliche RN zum Niederschlag in unmittelbarer Nähe des Emittenten, einem sog. „wash out" [59]. Es ist daher nicht verwunderlich, daß die Kontamination in der Regel in der Nähe des Kamins höher ist als am sog. „maximalen Beaufschlagungspunkt".

Auf der anderen Seite bilden sich oft konische Windfahnen aus [141], welche die emittierten RN über Hunderte von Kilometern verteilen können [81]; in einzelnen Fällen sind radioaktive Abgasfahnen von KTA über mehr als 1.000 km nachgewiesen worden. Dies hat sich ganz besonders deutlich nach dem Tschernobyl-Desaster gezeigt, nach dem eine radioaktive Bodenverunreinigung selbst im 6.000–13.000 km entfernten Nordamerika nachgewiesen werden konnte. Es ist auch unzulässig, eine rasche homogene Durchmischung von Schadgasen und Aerosolen mit der Umgebungsluft anzunehmen. Vor allem oberhalb der Inversionsgrenze (bei 2.500–3.000 m) erfolgt die Durchmischung nur sehr langsam.

Nimmt man alle deutschen KKW zusammen, so dominieren hinsichtlich der entlassenen Aktivität die drei Xenon-Isotope Xe-133, Xe-135 (HWZ: 9,1 h) und Xe-135m (HWZ: 15,3 min); zusammen machen sie $\geq 60$ % der Aktivität aus. Erst nach Einbau wirksamer Verzögerungsstrecken ging der Ausstoß an den besonders kurzlebigen Isotopen zurück. Damit nimmt die relative Menge des – von Wiederaufbereitungsanlagen (WAA) praktisch ausschließlich emittierten (siehe Abschnitt 5.3.2.2) – Krypton-85 deutlich zu. Durch unterschiedlich lange Verzögerungen in der Emission der Edelgase mögen sich auch die zum Teil deutlich abweichenden Angaben über die quantitative Zusammensetzung der Gesamtfraktion erklären.

Beschränkt man sich nicht auf die Betrachtung der in der Bundesrepublik installierten Reaktoren, so zeigen sich bereits im westeuropäischen Raum erhebliche Unterschiede. Bei luftgekühlten Reaktoren dominiert die Abgabe des Edelgases Argon-41. Ein einziger großer Reaktor kann in einer Stunde nahezu $4 \cdot 10^{12}$ Bq Argon freisetzen [29]. Bereits der verhältnismäßig kleine Karlsruher Versuchsreaktor FR.2 hat bis zu seiner Stillegung Ende 1981 pro Jahr nahezu 4 PBq Argon-41 emittiert. Da dieses recht kurzlebige Isotop (HWZ: 1,83 d) eine Zerfallsenergie von ~2,5 MeV besitzt, kommt es in der Nähe der betreffenden Emittenten zu einer ungewöhnlich hohen Ionenbildung.

Mengenmäßig an zweiter Stelle liegt die Emissionsrate von Tritium, das einerseits als Gas (TH), zum anderen in Form „überschweren" Wassers (THO) abgegeben wird [177]. Dabei dürfte der Anteil des molekularen Wasserstoffs sehr gering sein. Mikroorganismen, zu einem geringen Teil aber auch Laubblätter (siehe Abschnitt 5.4.1) oxidieren das TH-Molekül sehr rasch zum THO. Dadurch wird langfristig auch ein erheblicher Teil des als biologisch ungefährlich geltenden TH (höchstzulässiger Abgabewert: 14.800 Bq/l) in das für die Biosphäre schädliche THO (höchstzulässiger Abgabewert: 185 Bq/l) umgewandelt.

Die jährliche Tritium-Produktion liegt inzwischen so hoch, daß mit einer Abgaberate von nahezu 4 PBq gerechnet werden muß. Bereits 1970 war die von KTA abgegebene Tritium-Menge damit so groß geworden, daß sie die Kontamination durch die Kernwaffentests um das 40fache übertraf. Wie schon im Falle der Edelgase, so sind auch beim Tritium Schwerwasser-moderierte Reaktoren besonders problematisch. Mit Jahresabgaben von bis zu 0,1 PBq hält das französische KKW Monts d'Arrée einen traurigen Rekord. Würde das Tritium das ganze Jahr hindurch in gleichbleibenden Mengen freigesetzt, so müßte dessen Konzentration in der Abluft bei etwa 2.000 Bq/m$^3$ zu halten sein. Damit würde sich in der Umgebung des betreffenden KKW eine Strahlenbelastung von wenigen μrem/a (~0,001–0,003 μrem/h) ergeben [48]. Tatsächlich aber kommt es durch chargenweise Emission zu hundertfach höheren Werten; die Angabe der KKW-Betreiber, daß die Strahlenbelastung trotz dieser Steigerung nur um ~0,002 μrem/h ansteigen soll [72], erscheint wenig plausibel.

Besonders große Mengen an THO werden aus Brennstäben mit Edelstahlhüllen freigesetzt [161], wie sie in den französischen und italienischen Reaktoren verwendet wurden. Günstiger sind Siedewasserreaktoren, die statt der für Druckwasserreaktoren üblichen $185 \cdot 10^{12}$ Bq Tritium/1.000 MW·a nur zwischen $24 \cdot 10^{12}$ und $40 \cdot 10^{12}$ Bq produzieren. Ein Teil dieser Menge wird erst bei der Wiederaufbereitung abgegeben. Rückhaltevorrichtungen für gasförmiges Tritium sind zwar technisch möglich, jedoch erst unzureichend erprobt [90]. Wer sich bei seinen Erwägungen über die Notwendigkeit zusätzlicher Sicherheiten auf das Unerläßliche konzentriert, wird den Einsatz dieser Technik vermutlich für zu teuer halten [161].

Bedenklich sind auch jene THO-Mengen, die von KTA in das Abwasser entlassen werden [82].

Weltweit sind dies ~4 PBq pro Jahr. Im Jahre 1979 betrug die Tritium-Fracht des Rheins ~1 PBq, die des Neckar ~0,4 PBq. Damit erreichte die Tritium-Konzentration in Rhein, Neckar und Isar 22–26 Bq/l [75]. In gleicher Höhe lagen damals auch die Tritium-Kontaminationen im Chiemsee und im Starnberger See. Die ungewöhnlich hohe Tritium-Fracht der Mosel von ~0,2 PBq ist dagegen wohl nur durch Abgaben französischer KTA zu erklären. Diese Werte sind noch immer gering im Vergleich zum Savannah River (US-Bundesstaat Carolina), für den unterhalb der „Savannah River Plant" eine mittlere Aktivitätskonzentration von 185 Bq/l angegeben wird. Recht sorglos wurde in der ehemaligen Sowjetunion mit den Abwässern der KTA umgegangen. Eine auf der Halbinsel Kola gebaute Anlage entließ stündlich ~80 m³ kontaminiertes Kühlwasser in das Meer, wodurch – dank der Aufheizung – 2–3 km² der Bucht ständig eisfrei blieben. Deren Wasser wurde dann sogar zur Fischzucht genutzt [39].

Über die Verdunstung von THO aus kontaminierten Böden hat man sich auch in der Bundesrepublik offensichtlich wenig Gedanken gemacht. Immerhin resultieren daraus die erheblichen Tritium-Konzentrationen in Nebeltröpfchen („Luftfeuchte"), für die über New York (1970/71) Werte bis zu 66 Bq/l gemessen wurden [18]. Auf dem Gelände der Karlsruher Anlage wurden gelegentlich sogar mehr als 50.000 Bq/l ermittelt. Besonders gefährliche Tritium-Quellen sind die sog. Abklärteiche. Diese Anlagen enthielten bei der KTA oft mehr als 0,1 PBq Tritium [115]. Daraus resultierten sehr hohe Aktivitäten; der (publizierte) Spitzenwert lag bei ~550.000 Bq/l [104]. In den USA versickerten beträchtliche Mengen an THO im Boden; sie gelangten so in das Grundwasser.

Durch diesen THO-Ausstoß steigt zwangsläufig auch die Tritium-Konzentration des Regenwassers. Bei Karlsruhe wurden – statt des Normalwerts von etwa 35 Bq/l – im Oktober 1981 rund 300 Bq/l gemessen, was zu einer Kontamination der oberen Bodenschichten von ~250 Bq/l führte. In der Umgebung eines Reaktors nahe Chicago wurden sogar Regenwasserwerte von bis zu 6.000 Bq/l beobachtet [135]. Sicherlich ist die oft vertretene Ansicht, wonach die „Tritium-Konzentration in der Luftfeuchte der im Niederschlag und damit der in den Pflanzen gleich" sein soll [92], falsch; das bezeugen nicht zuletzt die zahlreichen Daten über die Tritium-Konzentration in verschiedenen Pflanzenteilen.

In Deutschland wurden höhere Tritium-Werte allein aus der Umgebung des KKW Obrigheim [102] und aus dem Bereich des Kernforschungszentrums Karlsruhe (KFK) publiziert [103]. Allein das KfK hat alljährlich deutliche – zum Teil um mehrere Größenordnungen höhere – Tritium-Mengen entlassen als die Gesamtheit aller deutschen KKW. Da auf diesem Gelände aber zeitweilig neben einer WAA mehrere Reaktoren betrieben werden (bzw. wurden), lassen sich die Tritium-Emissionen nur schwer einzelnen Emittenten zuordnen. Es darf aber wohl davon ausgegangen werden, daß die Hauptmenge dem 1984 stillgelegten Mehrzweck-Forschungsreaktor (MZFR) angelastet werden muß, für den immerhin Tagesemissionen von nahezu $400 \cdot 10^9$ Bq registriert wurden. Sieht man von diesem Sonderfall und dem inzwischen ebenfalls außer Betrieb gesetzten schwerwassermoderierten Forschungsreaktor FR.2 (dessen Angaben in denen der WAA „versteckt" wurden) ab, so spielen die Emissionen der deutschen Forschungsreaktoren im Vergleich zu denen der KKW eine vernachlässigbare Rolle.

Mit dem Abwasser werden außer Tritium noch zahlreiche andere RN abgegeben. Allein die KTA der Savannah River Plant (US-Bundesstaat South Carolina) entließen zwischen 1960 und 1970 mehr als $9,6 \cdot 10^{12}$ Bq Caesium. Neben den beiden Strontium-Isotopen $^{90}$Sr und $^{89}$Sr finden sich im Altwasser von KKW die Cobalt-Isotope $^{58}$Co und $^{60}$Co, die beide von Wasserpflanzen stark akkumuliert werden. Hinzu kommt Iod-131[8]. Trotz vieler Untersuchungen ist noch völlig offen, ob einem der mit dem Abwasser transportierten RN eine nennenswerte biologische Schadwirkung zugeschrieben werden muß (siehe Abschnitt 5.5).

Die jährlich emittierten Aerosol-Aktivitäten liegen bei deutschen KKW bei $10^4$–$10^7$ Bq, in den USA oft bei mehr als $10^{10}$ Bq; nur bei Störfällen gelangen größere Mengen in die Atmosphäre. Sofern das betreffende Kraftwerk über einen hohen Schornstein verfügt, werden die Aerosole über sehr große Entfernungen vertragen; nach 100 km sind erst 10 % deponiert. Die genaue Zusammensetzung der Aerosol-Fraktion läßt sich den Protokollen der KKW-Betreiber in der Regel nicht entnehmen, da allein die Sammelfraktionen der $\alpha$- und $\beta$-Strahler aufgelistet werden. Wo immer präzise Daten vorliegen, schwanken die mengenmäßigen Anteile der einzelnen Elemente außerordentlich stark. Erst seit 1976 wird auch der aus KTA emittierte Kohlenstoff-14 bestimmt [7]; seine Berücksichtigung als eines der biologisch bedeutsamsten RN war regelrecht „vergessen" worden. Dabei beträgt die jährliche Frachtrate dieses Isotops im Rhein fast $400 \cdot 10^9$ Bq [7]. Alle deutschen KKW zusammen gaben von 1979 bis 1985 jährlich jeweils zwischen rund $300 \cdot 10^9$ und $900 \cdot 10^9$ Bq Kohlenstoff-14 ab, während (graphit-moderierte) Reaktoren russischer Bauart bis zu $30 \cdot 10^{12}$ Bq pro 1.000 MW·a emittieren sollen [69]. Das Schweizer KKW Mühleberg entläßt im Mittel 7.000 Bq/s $^{14}$C, was immerhin einer Jahresemission von mehr als $200 \cdot 10^9$ Bq entspricht, wobei die Spitzenemissionen um Faktoren bis ~3

---
[8] Das in deutschen Oberflächengewässern nachgewiesene Iod dürfte allerdings zum größten Teil auf einen nachlässigen Umgang mit diesem Isotop im Bereich verschiedener Kliniken zurückgehen.

höher liegen können. Besonders kritisch sind Siedewasser-Reaktoren, die den Kohlenstoff in Form von $CO_2$ abgeben, das sogleich photosynthetisch in die Biomasse eingebaut werden kann. Dagegen emittieren die Druckwasser-Reaktoren mehr als 80 % des $^{14}C$ in Form von Kohlenwasserstoffen (besonders Methan und Ethen), die erst nach mikrobieller Oxidation in die Pflanzen aufgenommen werden. In der Nähe leistungsstarker KTA steigt das $^{14}C/^{12}C$-Verhältnis in den Zellinhaltsstoffen teilweise auf das Vierfache an [110]. In der Umgebung der deutschen KKW liegen die Einbauraten jedoch i. a. so niedrig, daß eine signifikante Schadwirkung auf die Vegetation für sehr unwahrscheinlich gehalten wird [23].

### 5.3.2.2 *Wiederaufbereitungsanlagen*

Eine ungleich stärkere Belastung als Kernkraftwerke stellen Wiederaufbereitungsanlagen (WAA) dar [47]. Dies betrifft nicht nur die Menge der Emissionen; bedingt durch die Zeit der Zwischenlagerung, unterscheiden sich ihre Abgaben auch qualitativ von denen eines KKW. Wie bei den Kernreaktoren auch, wird die Hauptmenge der Aktivität mit den Edelgasen freigesetzt; die Konzentration radioaktiver Edelgas-Isotope in der Erdatmosphäre dürfte heute zu wenigstens 80 % auf die Tätigkeit von WAA zurückgehen [134]; höchstens 20 % dieser Aktivität kann den Kernwaffentests angelastet werden. Berücksichtigt man, daß die WAA praktisch

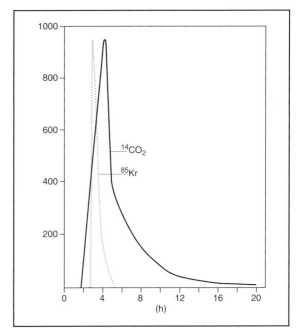

Abb. 21: Emissionsverlauf bei der Wiederaufbereitung von Kernbrennstäben.

die gesamte emittierte Radioaktivität innerhalb der ersten Stunden des Aufbereitungsprozesses freigeben (Abb. 21), so muß die Ortsdosisrate 10–100mal größer sein. Damit stellen WAA die lokal stärksten Emittenten dar.

Unter den Abgasen der Wiederaufbereitungsanlagen dominiert das verhältnismäßig langlebige Krypton-85. Im Jahre 1970 wurden von den KTA weltweit 740 PBq dieses einen Isotops freigesetzt, was über der Nordhalbkugel zu mittleren Konzentrationen von 0,6 Bq/m³ führte [124]. Die jährlichen Abgaben dieses Radioisotops können bei den größten WAA Jahressummen von mehreren hundert PBq erreichen. In den Jahren 1975 und 1976 gab allein die WAA Windscale/Sellafield jweils 44 PBq dieses Edelgases ab; für die französische Anlage bei La Hague wurden jeweils 29 PBq, für die im Rhonetal gelegene WAA Marcoule je 11 PBq angegeben. Die leistungsstarke WAA Barnwell (US-Bundesstaat South Carolina) emittiert jährlich 300–500mal mehr Krypton als die Karlsruher Pilot-Anlage [145]. Eine technisch prinzipiell mögliche Rückhaltung [161] erfolgt dort nicht. Allerdings war dies für die geplante größere WAA bei Wackersdorf (Rückhaltung ~ 80 %) projektiert.

Mengenmäßig an zweiter Stelle steht wiederum das Tritium. Die kleine WAA des Kernforschungszentrums Karlsruhe entließ davon pro Jahr zwischen 0,4 und 0,56 PBq in die Atmosphäre. Nach Verdünnung in der Abluft verbleiben in der Abgasfahne noch – zusammen mit fast 15.000 Bq/m³ Radon-222 – nahezu 4 Millionen Bq/m³. Dies ist indessen – ebenso wie für Krypton – ein fiktiver Wert. Die Konzentration am Hauptbeaufschlagungspunkt kann Werte > 40 Bq/m³ erreichen. Allein diese Tritium-Menge belastet die umliegende Vegetation mit ~ 0,2 µrem/h. Ein großer Teil, wenn nicht die Gesamtmenge des emittierten Tritiums liegt in Form von THO vor.

Mit dem Abwasser von WAA werden auch erhebliche Mengen anderer RN fortgeleitet. Unter diesen Isotopen kommen dem Caesium-137, dem Ruthenium-106 und dem Plutonium-241 besondere Bedeutung zu [39]. Da die beiden europäischen WAA in La Hague (Frankreich) und in Windscale/Sellafield (England) unmittelbar an der Küste liegen, entlassen sie ihre radioaktiven Abfälle direkt in das Meer [71]. Damit ergeben sich Ströme von Radionukliden; noch im Skagerrak ist dadurch die Caesium-173-Konzentration des Wassers gegenüber den Werten im freien Ozean verdoppelt. Daneben werden erhebliche Mengen an Plutonium abgelassen, in Windscale allein bis 1977 > 0,4 PBq [176]. Bedenkt man, daß diese RN von Pflanzen teilweise um mehrere Größenordnungen akkumuliert werden (siehe Abschnitt 5.4.4.4), so ist die Plutonium-Ableitung allein schon wegen der ungewöhnlich hohen Toxizität dieses Transurans sehr bedenklich.

Die Plutonium-Abgaben der im Inland liegenden Wiederaufbereitungsanlagen (z. B. der WAA Marcoule im Rhonetal) führen zu einer beträchtlichen Verunreinigung des Bodens. Die durch den Kernwaffen-Fallout verursachte Kontamination liegt in Mitteleuropa bei 5.000–10.000 Bq/m², d. h. bei < 100 Bq/kg; die bei Hanford (US-Bundesstaat Washington) gemessenen Aktivitätskonzentrationen von bis zu 1.480 Bq/kg Boden [157] demonstrieren die von manchen KTA – insbesondere Plutoniumfabriken – ausgehenden

## 92 Nutzung der Kernenergie

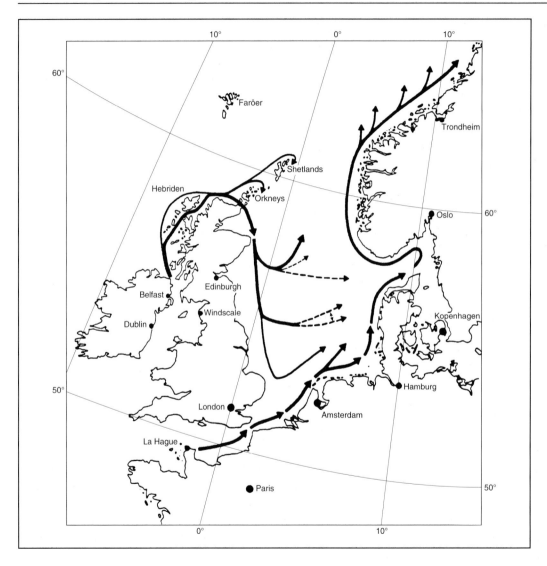

Umweltgefahren. In der Nähe des US-amerikanischen Testgeländes in Nevada wurden sogar Werte > 37.000 Bq/kg gemessen [157].

Erst in den letzten Jahren wurde auch für WAA der emittierte Kohlenstoff-14 bestimmt; zuvor war er – ebenso wie bei den Reaktoren – „vergessen" worden. Die veröffentlichten Abgabewerte schwanken beträchtlich; sie hängen offenbar zum Teil von der Art der aufgearbeiteten Brennelemente ab. Für die Brennstäbe von Leichtwasser-Reaktoren ist mit bis zu $2,2 \cdot 10^{12}$ Bq Kohlenstoff-14 pro 1.000 MW·a zu rechnen [19]. Die für Wackersdorf geplante WAA sollte dagegen pro Woche nur $0,26 \cdot 10^{12}$ Bq (in Form von $CO_2$) entlassen.

Die Abwasser-Kontamination durch WAA ist beträchtlich. Allein durch die Karlsruher Anlage stieg die Tritium-Aktivität im sog. „Hammgraben" teilweise auf 20.800 Bq/l; hinter der Einleitung in den Altrhein wurden sogar Spitzenwerte von > 500.000 Bq/l, selbst 12 km flußabwärts noch 740 Bq/l ermittelt. Im Abfluß der belgischen WAA bei Mol kam es in den Sedimenten eines ableitenden Flüßchens zu Ablagerungen von > 4.500 Bq/kg Caesium-137, nahezu 2.500 Bq/kg Plutonium und 1.500 Bq/kg Americium-241. Durch Wasserpflanzen wurde eine zusätzliche Konzentration um Faktoren zwischen 1.400 (Americium) und 5.800 (Caesium) bewirkt.

Besondere Probleme bereiten immer wieder sog. Zwischenlager für feste und flüssige radioaktive Abfälle. Sie verursachen vielfach unzulässig hohe Strahlenbelastungen der Umgebung. In den USA (z. B. in Idaho) wurden diese Abfälle – einschließlich Transuranen! – oft einfach vergraben [115]. In Karlsruhe wurden am Zaun des KfK (der später einige hundert Meter vorverlegt wurde) Dosisraten von ~ 170 µrem/h registriert. Gerade in Wiederaufbereitungsanlagen stellen die Endbecken ein ernstes Problem dar, enthalten sie doch bei einigen Anlagen 30 Millionen Liter kontaminierten Abwassers [176]. Immer wieder sind aus Lecks dieser Becken sowie aus undichten Leitungen größere RN-Mengen im Erdreich versickert. So wurden Böden bei Los Alamos (US-Bundesstaat New Mexico) mit > 7.400 Bq/kg Caesium-137 und ~ 750 Bq/kg der verschiedenen Plutonium-Isotope kontaminiert. Auch auf dem Gelände des KfK gelangten 1975 große RN-Mengen in das Grundwasser, in dem schließlich eine Aktivität von mehr als 0,2 Millionen Bq/l gemessen wurde [93]. Die umgebende Vegetation baute sicherlich in beiden Fällen erhebliche RN-Mengen ein; in Karlsruhe war neben dem Endbecken die Caesium-Aktivität in der Vegetation um den Faktor 30.000 erhöht.

◀ *Abb. 22: Verunreinigung der Nordsee durch die Abgaben der Wiederaufbereitungsanlagen in Windscale/Sellafield und La Hague (in Anlehnung an [54], verändert).*

Als „Endlager" dienen leider auch die Ozeane. Zunächst einmal gelangen aus verschiedenen Wiederaufbereitungsanlagen alljährlich große Mengen hochradioaktiver Abwässer ungeklärt in die küstennahen Gewässer; beträchtliche Mengen von Abfällen wurden zuvor schon in den Ozeanen „endgelagert". Die von reaktorgetriebenen Kriegsschiffen pro Jahr abgegebenen Abfälle dürften mit minimal 40 PBq angesetzt werden [176]; hinzu kommen die noch zu erwartenden Verunreinigungen tieferer Meeresschichten, sobald die mit Atom-U-Booten oder atomwaffentragenden Flugzeugen gesunkenen Kernwaffen – zusammen mit vielen Hunderten von PBq hochaktiver Radionuklide – korrodieren.

### 5.3.2.3 Brennelementfabriken und radiochemische Werke

Eine erhebliche Umweltgefährdung stellen viele radiochemische Werke dar. Mit ihren flüssigen Abfällen entlassen sie zahlreiche RN-haltige (insbesondere auch tritiummarkierte) Verbindungen, durch die in ihrem Abwasser Aktivitätskonzentrationen bis zu 2,8 Millionen Bq/l gemessen wurden [76], eine für Tiere [100] wie für Pflanzen bedenkliche Belastung.

Nicht unerwähnt bleiben darf der Einsatz erheblicher Tritium-Mengen in der Uhrenindustrie sowie zur Herstellung von Lichtquellen. Dafür werden allein in den USA jährlich fast 40 PBq Tritium verwendet; in der Schweiz dürfte die Menge bei 15 PBq liegen [95]. Unzulässig hohe Einleitungen in Oberflächengewässer führten wiederholt zu weitreichenden Kontaminationen. So wurden im Dezember 1979, verursacht durch Abgaben einer Fabrik am Oberlauf der Aare, im Rhein signifikant erhöhte Tritium-Werte gemessen [88].

### 5.3.2.4 Störfälle in kerntechnischen Anlagen[9]

Wichtigstes Anliegen der Techniker ist es, den eigentlichen „Kern" der Reaktoren mit den hochradioaktiven Brennelementen weitestgehend von der Außenwelt abzuschließen, um die bei den Atomspaltungen entstehenden RN auf einen kontrollierbaren Raum, das sog. „Containment", zu begrenzen. Je vollkommener ihnen dies – auch für theoretisch denkbare „Pannen" bis hin zu Erdbeben und Flugzeugabstürzen – gelingt, als desto sicherer gilt die Anlage.

So verheerend manche Unfälle für das in den Räumen einer KTA arbeitende Personal auch gewesen sein mögen, für die „Normalbevölke-

---

[9] Unter dem Begriff „Störfall" verbergen sich sehr verschiedenartige Havarien – von unbedeutsamen Lecks in nichtradioaktiven Kühlkreisläufen bis hin zur Kernschmelze. Strenggenommen ist zwischen „Störfällen" (bei denen die Umgebung der Anlage nicht nennenswert kontaminiert wird) und nicht mehr beherrschbaren „Unfällen" zu unterscheiden.

rung" sind allein diejenigen „Störfälle" von Interesse, bei denen es zur Abgabe größerer Mengen radioaktiver Substanzen an die Umwelt gekommen ist. Die Liste dieser (oft verschwiegenen) Vorkommnisse ist lang; das Ausmaß vieler dieser Ereignisse wurde verharmlost. Soweit verläßliche Informationen zu beschaffen waren, sind hier wenigstens diejenigen Fälle aufgelistet, bei denen sich die havarierte Anlage als Quelle bedenklicher RN-Emissionen erwies. Dabei ist es aus medizinischer Sicht belanglos, ob die betreffende KTA als „ziviler" Reaktor der Energieerzeugung oder als militärische Anlage zur Produktion von „waffenfähigem" Uran oder Plutonium diente.

Im Falle größerer RN-Freisetzungen können die für den Normalbetrieb festgelegten Grenzwerte nicht eingehalten werden. Die in der OECD zusammengeschlossenen Länder einigten sich nach der Tschernobyl-Katastrophe statt dessen auf „Interventionswerte". Diese bestimmen z. B., daß bei einer Strahlenbelastung zwischen 0,5 und 5 rem Nahrungsmittelkontrollen vorzunehmen sind, gegebenenfalls bestimmte landwirtschaftliche Produkte nicht mehr vertrieben werden dürfen; oberhalb 5 rem muß die betroffene Bevölkerung evakuiert werden.

Die gefürchtete Kernschmelze hat es, wenn auch immer wieder bestritten, bereits vor Tschernobyl in mindestens drei Fällen gegeben: zunächst 1955 am militärischen Forschungsreaktor EBR 1 im US-Bundesstaat Idaho, 1969 am unterirdischen Forschungsreaktor in Lucens (Schweiz) und schließlich 1979 bei dem spektakulären Reaktorunfall auf Three Mile Island. Der Schweizer Reaktor wurde – wie später der havarierte KKW-Block in Tschernobyl – einbetoniert; der Forschungsreaktor EBR 1 wurde stillgelegt; die Arbeiten an der Dekontamination des Reaktors auf Three Mile Island sind auch nach nahezu zwei Jahrzehnten noch immer nicht abgeschlossen.

Die weitaus meisten Unfälle ereigneten sich in den USA [52]. So gelangten aus einer WAA bei Hanford (US-Bundesstaat Washington) innerhalb eines einzigen Jahres (1980) bei mindestens elf Störfällen 5,6 PBq Caesium-137 in den Boden [11]. Über die Kontamination der Atmosphäre waren keine Angaben zu erhalten. Bereits im Januar 1961 wurde durch einen Bedienungsfehler ein im US-Bundesstaat Idaho von der Armee betreuter 300 kW-Reaktor (SL-1) zerstört [89] – nach anderen Angaben lediglich so schwer beschädigt, daß er stillgelegt werden mußte [53]. Die freigesetzte Aktivität blieb angeblich im Falle von Iod unterhalb $4 \cdot 10^{12}$ Bq [154]. Im Reaktorraum selbst erreichte die Strahlendosis 1.000 rem/h ($10^9$ µrem/h [53].

Allein drei Störfälle betreffen einen Reaktor – nach anderen Angaben eine Anlage zur Tritium-Produktion [128] – der Savannah River Plant (US-Bundesstaat South Carolina). In allen Fällen wurden erhebliche Tritium-Mengen frei. So kam es bei dem ersten Unfall am 2. Mai 1974 innerhalb von nur 4 Minuten zum Austritt von 17,7 BPq Tritium, einer Menge, welche die gemeldete Jahresabgabe aller deutschen KKW im gleichen Jahr um das 1.000fache überschritt [32]. Dabei wurden Spitzenbelastungen von 22 PBq/min erreicht. Die maximale Menge der RN wurde offensichtlich erst in ~ 16 km Entfernung niedergeschlagen [174]; dort wurde der Boden mit ~ 265.000 Bq/l belastet [164]. Einen Tag nach dem Unfall zeigten außerhalb des abgesperrten Areals entnommene Grasproben 170.000 Bq/l. In der Nähe der Unfallstelle eingesammelte Bodenproben wiesen 330.000 Bq/l auf. Noch nach 56 Tagen wurden in 35 cm Bodentiefe 13.000 Bq/l gemessen [164]. Im Wurzelbereich hielt sich das von den Bodenorganismen zum THO umgewandelte Tritium bis zu drei Monaten. Am 31. Dezember 1975 entwichen aus der gleichen Anlage erneut 6,7 PBq Tritium; am 27. März 1981 erfolgte noch einmal binnen 90 Minuten eine Emission von 1,2 PBq [128]. Diesmal erwiesen sich die Tritiumgehalte in der Umgebung der Anlage selbst 20 Tage nach dem Unfall noch als signifikant erhöht [174]. Bei allen drei Störfällen bestand das ausgetretene Gas zu 99 % aus TH und $T_2$, jedenfalls nur zu < 1 % aus dem biologisch weit gefährlicheren THO. Wie auch in anderen Fällen, wurde über die gleichzeitige Emission anderer RN nichts mitgeteilt. Das gilt auch für einen Störfall im Lawrence Livermore Laboratory (US-Bundesstaat California), bei dem es 1970 durch Austritt von 10,7 PBq Tritium zu einer starken Verunreinigung der Vegetation gekommen war.

Der vor der Tschernobyl-Katastrophe spektakulärste Störfall war der Zusammenbruch eines 960 MW (Druckwasser)-Reaktors auf Three Mile Island bei Harrisburg (US-Bundesstaat Pennsylvania). Hier kam es am 28. März 1979 durch eine Verknüpfung widriger Zufälle, gepaart mit einem eklatanten Fehlverhalten des Bedienungspersonals, zu einer partiellen Kernschmelze, durch die mehr als 90 % der Brennstäbe zerstört wurden; weitere Schäden richtete eine anschließende Wasserstoffexplosion an [127]. Die Gesamtemission an RN betrug bei diesem Unfall 89 PBq. Der größte Anteil der Radioaktivität entfiel dabei auf die beiden Edelgase Xenon und Krypton. Wenn angeblich „nur" 2,1 PBq Krypton-85 freigesetzt wurden [28], so ließen sich doch die radioaktiven Edelgase noch in 65 km Entfernung feststellen [124]. Geht man davon aus, daß der prozentuale Anteil des Krypton-Isotops an der gesamten Edelgas-Emission bei ~ 1,7 % liegt, so müßte die Gesamtabgabe auf > 120 PBq hochgerechnet werden. Erst mehr als ein Jahr nach dem Störfall wurde das im Reaktorraum verbliebene Krypton-85 „kontrolliert freigelassen" [28].

Zusammen mit den Edelgasen wurden geringe Mengen an Iod-131 emittiert. Für dieses Element schwanken die Angaben zwischen $370 \cdot 10^9$ Bq

[145] und $630 \cdot 10^9$ Bq [127]. Die Iod-Aktivität in der entfernteren Umgebung stieg durch den Störfall immerhin um mehr als das 1.000fache an. In einer benachbarten Gemeinde erreichte die Iod-Aktivitätskonzentration mit 0,4 Bq/m³ sogar das 100fache des zulässigen Wertes. Das radioaktiv kontaminierte Wasser wurde in den vorbeifließenden Susquehanna-Fluß geleitet [124]. Glücklicherweise blieb der Druckbehälter unbeschädigt; dadurch wurden im Reaktorgebäude selbst sowie im Kühlwassersystem ~ 660 PBq – nach anderen Angaben sogar 3.700 PBq – zurückgehalten. Angeblich wurden langlebige partikelgebundene Isotope wie Strontium-90 und Caesium-137 ebenso wie Transurane nicht in nennenswerten Mengen freigesetzt [127]. Diese Aussage widerspricht allerdings der Auswertung von Luftfiltern, die zwei Wochen nach dem Unfall ~ 130.000 Bq an Strontium-90 und den beiden Caesium-Isotopen Cs-134 und Cs-137 zeigten [84].

Über die tatsächliche Strahlenbelastung in der Umgebung des außer Kontrolle geratenen Reaktors lassen sich wegen der extrem divergierenden Meßdaten keine verläßlichen Angaben machen. Unmittelbar nach dem Unfall wurden am Reaktor selbst 800 rem/h ($8 \cdot 10^8$ μrem/h) gemessen, wenig später auf dem Reaktorgelände (mit einem anderen Instrumenten-Typ) nur mehr 400.000 μrem/h [127]. Dies bedeutet für das im KKW beschäftigte Personal eine Überschreitung des zulässigen Grenzwertes (nach deutschem Standard) um einen Faktor > 300; außerhalb des Werksgeländes stieg die Dosisrate auf 38.000 μrem/h, d. h. mehr als das 10.000fache der für die in diesem Gebiet ansässigen Personen zulässigen (Langzeit-)Exposition.

Der erste größere Unfall auf europäischem Boden ereignete sich im Oktober 1957 im britischen Windscale in einer Anlage zur Plutonium-Gewinnung. Durch einen erst nach drei Tagen unter Kontrolle gebrachten Brand des Graphit-Moderators kam es über mehrere Stunden hin zur Freisetzung von mehr als 0,7 PBq, nach anderen Angaben [11] sogar mehr als 1 PBq Iod-131. Außerdem wurden > 0,4 PBq Tellur-132 (HWZ: 78,2 h), ~ $22 \cdot 10^{12}$ Bq Caesium-137, $3 \cdot 10^9$ Bq Strontium-89 und $74 \cdot 10^9$ Bq (nach anderen Angaben [164] > $330 \cdot 10^9$ Bq) Strontium-90 in die Umwelt entlassen. Leider ist über die Mengen des freigesetzten Tritiums sowie der radioaktiven Edelgase keine Angabe gemacht worden. Auf Veranlassung der britischen Regierung wurde das Ausmaß der durch diese Emission verursachten Umweltkatastrophe verschleiert. Immerhin ließ sich nicht verschweigen, daß eine Fläche von ~ 500 km² der umgebenden Parklandschaft schwer kontaminiert wurde. Gleichzeitig wurde in Belgien radioaktiver Fallout beobachtet, durch den dort die β-Aktivität auf das 100fache des Normalwerts anstieg [89].

Nicht nur in England, auch in Frankreich muß es einen größeren Störfall gegeben haben, der allerdings mit Stillschweigen übergangen wurde: Bei westlichen Winden stieg im Februar 1975 über der Bundesrepublik die Tritium-Konzentration unvermittelt auf das 40fache an; gleichzeitig wurde in Freiburg i. Br. (zwischen dem 15. und 21. Februar) ein erheblich erhöhter Krypton-85-Spiegel registriert [181]. Der Gradient der Kontamination deutete auf eine Quelle ungefähr 500 km westlich von Freiburg hin. Legt man die damals gegebenen meteorologischen Daten zugrunde, so läßt sich auf eine Emission von mehr als 9 PBq Tritium und Xenon-133 schließen.

Außer im Forschungsreaktor Lucens, dessen Kernschmelze angeblich keine Belastung der Umwelt mit sich brachte [124], scheint es auch in der Schweiz – wenn nicht zu einer unautorisierten Abgabe aus Tritium-verarbeitenden Betrieben – zu mindestens einem vertuschten Störfall gekommen zu sein. Jedenfalls stieg im Oktober 1968 die Radioaktivität des Aare-Wassers bei Würenlingen auf das 50fache an. In Schweden gab im Spätsommer 1967 die Studsvik Research Station infolge eines defekten Filters wiederholt täglich $\sim 350–400 \cdot 10^9$ Bq Iod-131 – teils als $I_2$, teils als $I^-$ – ab. In 1 km Entfernung erreichte die atmosphärische Konzentration dieses Radionuklids 0,04 Bq/m$^3$. Sowohl Kiefern als auch Gräser wurden radioaktiv kontaminiert; auf Grasproben wurde ein Niederschlag von 55–75 Bq/m$^2$ gemessen.

Den regelmäßigen Berichten der Reaktorsicherheits-Kommission zufolge traten in der Bundesrepublik „ernsthafte Schäden und Störfälle ... nur in sehr geringer Zahl auf". Zwar gab es „Stillstände durch Bedienungsfehler sowie durch ungeklärte bzw. nicht näher spezifizierte Ereignisse", doch führten diese in der Regel lediglich zu mehr oder weniger langen Abschaltungen der betreffenden Reaktoren. Immerhin mußte das KKW Großwelzheim 1970 schon nach wenigen Tagen Betriebsdauer endgültig stillgelegt werden, da die RN-Emissionen nicht zu beherrschen waren. Am 1. August 1969 gelangte aus dem KKW Lingen für die Dauer von acht Stunden radioaktives Abwasser – mit $\sim 600 \cdot 10^9$ Bq nahezu die dreifache Jahresmenge – in die Ems. In den Jahren 1969 und 1970 entließ der gleiche Reaktor jeweils mehr als 4 bzw. 6 PBq Edelgase in die Atmosphäre; er wurde daraufhin schließlich abgeschaltet und stillgelegt [33]. Am 18. Juli 1978 kam es im KKW-Brunsbüttel zu einem Störfall, durch den die Jahresabgabe auf 0,28 PBq Edelgase, $\sim 150 \cdot 10^9$ Bq Kohlenstoff-14 und $1,5 \cdot 10^9$ Bq Iod anstieg [34]; am nächsten Tag eingesammelte Grasproben enthielten $> 1.000$ Bq/kg Iod-131 und 100 Bq/kg Tritium [34].

Im gleichen Jahr verdampfte im KKW Isar (Ohu) radioaktives Wasser. Am 12. April 1972 entwichen aus dem KKW Würgassen $6,7 \cdot 10^9$ Bq Iod-131, am 1. Juli 1983 dann aus dem KKW Philippsburg wenig mehr als $0,3 \cdot 10^9$ Bq Iod-131. Im

Juli 1984 schließlich mußte das inzwischen stillgelegte KKW Neckarwestheim „deutlich meßbare Edelgas-Konzentrationen in der Gesamtabluft" zugeben; hinter dieser wenig präzisen Angabe verbergen sich 3.700 Bq/m³ vorwiegend kurzlebiger Xenon- und Krypton-Isotope.

Der bisher gravierendste Unfall ereignete sich im ukrainischen KKW Tschernobyl. Offensichtlich war dieser „Super-GAU", ähnlich der Kernschmelze in Harrisburg, dem schlechten Ausbildungszustand des Bedienungspersonals zuzuschreiben, demnach wiederum eine „Folge menschlichen Versagens". Angesichts der zahlreichen Berichte [172] ist es im Rahmen dieses Bandes überflüssig, die technischen Details zu beschreiben, die zur Katastrophe geführt haben. Vielleicht werden sich KKW-Unfälle nie in dieser Form wiederholen, und hoffentlich bleibt es bei diesem bitteren Lehrgeld, das wir wieder einmal für eine neue Technologie zu zahlen hatten. Viel wichtiger ist es, die Meßwerte zusammenzustellen, die Biologen und Mediziner wissen sollten, um die Gefährdung der Biosphäre, insbesondere der menschlichen Gesundheit, abschätzen zu können.

Allein zwischen dem 26. April und dem 10. Mai 1986 haben die heißen Verbrennungsgase des entflammten Graphitmantels des havarierten Reaktors aus den zerstörten Brennstäben mehr als 2.000 PBq – bereits am ersten Tag 740–810 Bq – an radioaktiven Edelgasen, in erster Linie das kurzlebige Xenon-133, rund 1.700 m hoch in die Atmosphäre getragen. Die Menge an langlebigem Krypton-85 hat offenbar bei etwa 33 PBq gelegen, die der übrigen RN dürfte die gleiche Größenordnung erreicht haben. Damit entsprach die freigesetzte Aktivität der von etwa 1.000 „Hiroshima-Bomben".

Tab. 15: Radionuklid-Emission des havarierten Tschernobyl-Reaktors (Emission zwischen dem 26. April und dem 6. Mai 1985, Daten nach [172]).

| Radionuklid | Halbwertszeit | | Emission (in PBq) |
|---|---|---|---|
| Xenon-133 | 5,25 | d | 1 665 |
| Iod-131 | 8,04 | d | 270 |
| Barium-140 | 12,76 | d | 159 |
| Zirkon-95 | 64,03 | d | 141 |
| Molybdän-99 | 65,94 | h | 141 |
| Ruthenium-103 | 39,24 | d | 118 |
| Cer-141 | 32,5 | d | 104 |
| Cer-144 | 284,4 | d | 89 |
| Strontium-89 | 50,52 | d | 81 |
| Ruthenium-106 | 372,6 | d | 59 |
| Technetium-132 | 78,2 | h | 48 |
| Neptunium-239 | 2,35 | d | 44 |
| Caesium-137 | 30,17 | a | 37 |
| Krypton-85 | 10,72 | a | 33 |
| Caesium-134 | 2,07 | a | 19 |

Mehrere Tage hindurch wurden die kurzlebigen Radionuklide, vor allem das Iod-131 (HWZ: 8,04 d) sowie das Paar Tellur-132 (HWZ: 78,2 h)/Iod-132 (HWZ: 2,3 h), daneben aber vor allem das Ruthenium-106 (HWZ: 372,6 d), mit dem Wind über Tausende von Kilometern hinweg verfrachtet. In der Bundesrepublik wurden die höchsten Luftwerte am 30. April beobachtet. Für Berlin wurden 100 Bq/m$^3$ gemessen (Normalwert: 1–10 Bq/m$^3$); über Darmstadt erreichten die Werte allein für $^{131}$Iod 116 Bq/m$^3$, nach anderen Autoren sogar 170 Bq/m$^3$. Dabei erwies sich das Iod zu 40 % als aerosolgebunden.

An vielen Orten wuschen äußerst heftige Regenfälle die Aerosol-Partikel in den Boden und die Oberflächengewässer ein. Durch dieses „wash out" wurde in Stuttgart (am 6. Mai) eine Gesamt-β-Aktivität von 680 Bq/l gemessen [125], in Berlin (am 8. Mai) sogar von bis zu 5.000 Bq/l. Daraus resultierten erhebliche Flächenbelastungen. An mehreren Stellen erreichten die Regenwasser-Aktivitäten Extremwerte: In Berlin wurden auf der Lackoberfläche geparkter Kraftfahrzeuge bis zu 40.000 Bq/m$^2$ gemessen, über Asphalt in Heidelberg (24.–26. Mai) 13.000 Bq/m$^2$, im Kreis Biberach sogar 42.000 Bq/m$^2$ [125]. Besonders hohe Werte wurden aus dem bayerischen Raum gemeldet: aus der Umgebung von München 80.000 Bq/m$^2$ Iod-131, 24.000 Bq/m$^2$ Caesium-137, 220 Bq/m$^2$ Strontium-90 und 0,05 Bq/m$^2$ Plutonium-239. Entsprechend stark kontaminiert wurden die Böden. In Baden-Württemberg liegt deren Radioaktivität normalerweise zwischen 2.000 und 3.000 Bq/m$^2$ [36], in Berlin bei nur 1.000 Bq/m$^2$. Im Mai 1986 wurden in Berlin stellenweise aber bis zu 150.000 Bq/m$^2$, bei Ulm bis zu 170.000 Bq/m$^2$ [36] gemessen. Diese Werte liegen um mehr als den Faktor 4 höher als die Gesamtmenge des Fallouts der 60er Jahre.

Ähnlich hohe Bodenbelastungen wurden aus Skandinavien und aus mehreren osteuropäischen Ländern gemeldet [131]. Eine besonders hohe Verunreinigung mußte Polen hinnehmen; dort wurden bis zu 200.000 Bq/m$^2$ Iod-131 abgelagert [131]. In Finnland wurden Kontaminationen von 17.000 Bq/m$^2$ Caesium-137 gemessen; dabei entspricht eine Flächenbelastung von 25.000 Bq/m$^2$ Cs-137 einer Ortsdosisleistung von 17 μrem/h. An einigen Orten stieg auch die Radioaktivität des Trinkwassers an, bei Ehningen (Baden-Württemberg) am 8. Mai bis auf 1.000 Bq/l [36]. Die Plutonium-Verunreinigung der deutschen Böden dürfte durch den Tschernobyl-Unfall um etwa 1 μg/km$^2$ angestiegen sein.

Bedingt durch heftige Regenfälle nahm die Radioaktivität der Oberflächengewässer deutlich zu. In der Donau wurden Anfang Mai 190 Bq/l Iod-131 und 60 Bq/l Caesium-137 nachgewiesen. In Nord- und Ostsee stieg die Radioaktivität von normalerweise 0,03 Bq/l kurzzeitig auf 2 Bq/l; an anderen Stellen betrug allein die Iod-Aktivität bis zu 8 Bq/l.

Eine erhebliche Kontamination ergab sich für Klärschlämme. Am 20. Mai, zu einem Zeitpunkt mithin, an dem die Iod-131-Aktivität bereits auf 1/8 abgeklungen war, erreichten die Werte für dieses RN auf der Schwäbischen Alb mehr als 50.000 Bq/kg, für Caesium-137 mehr als 67.000 Bq/kg. Spitzenwerte ergaben sich auch für das Ruthenium-130 mit stellenweise 117.000 Bq/kg [161].

Durch diese Verunreinigung waren die Äquivalentdosisleistungen vielerorts erheblich erhöht. Extremwerte ergaben sich naturgemäß in der Nähe des havarierten Reaktorblocks. So wurden in der Stadt Pripyat (Normalwert: 10 μrem/h) noch nach der Evakuierung (am 27. April) von mehr als 135.000 Menschen Ortsdosisleistungen bis zu 1 Million μrem/h gemessen [172]; selbst im 120 km entfernten Kiew stieg dieser Wert am 1. Mai bis auf 100 μrem/h an. Außerhalb der Ukraine waren vor allem die skandinavischen Länder die Hauptleidtragenden. Aber selbst im > 1.500 km entfernten Bayern, in den südöstlichen Kreisen Baden-Württembergs und mehr noch in Österreich wurden Werte von z.T. > 200 μrem/h registriert [125]; in Schweden wurden Werte bis zu 500 μrem/h, in Polen bis zu 440 μrem/h gemessen [131]. Im Großraum München dürfte die zusätzliche Strahlenbelastung der Bevölkerung im ersten Jahr nach dem Unfall bei 50–110 mrem gelegen haben; hochgerechnet auf die gesamte Lebensdauer wird die effektive Zusatzbelastung auf 200–600 mrem geschätzt.

Noch wissen wir nicht, in welchem Ausmaß die in Form von Aerosol-Partikeln – oft als „hot spots" (siehe Abschnitt 5.3.1) – in unsere Böden gelangten radioaktiven Metalle und Seltenen Erden in die Biosphäre eingeschleust werden. In jedem Falle gelangten erhebliche Radionuklid-Mengen über deren Aufnahme in die Pflanzen auch in die menschliche Nahrungskette (siehe Abschnitt 5.4). Durch die – z.T. sicherlich vorschnelle – Vernichtung sowohl von Gemüse als auch von zahlreichen Haustieren (vor allem Tausender von schwedischen Rentieren) entstand der europäischen Landwirtschaft ein beträchtlicher finanzieller Schaden; er geht allein für die rund 2.000 km westlich vom Unfallort gelegene Bundesrepublik in die Milliarden. Noch schwerer freilich wiegt der enorme Vertrauensverlust in die Beherrschbarkeit der schon vorher mit erheblichem Unbehagen betrachteten Technik. Die hilflose Reaktion vieler schlecht beratener Politiker hat noch dazu beigetragen, weite Teile der Bevölkerung in ihrer Ablehnung jeglicher „friedlicher Nutzung der Kernenergie" zu bestärken.

### 5.3.3 Das Atommüll-Problem

Das Problem der Endlagerung hochradioaktiver Abfälle ist bis heute in keinem Lande der Welt gelöst. Anfangs versuchte man, feste Rückstände in Container einzuschließen und diese dann in die Ozeane zu versenken; bis zum Jahre

1970 sind auf diese Weise allein von den USA 3,5 PBq, von den europäischen Ländern mindestens 1,1 PBq in die Meere verbracht worden [53].

Weniger stark radioaktive Flüssigkeiten ließ man stellenweise (jedenfalls in den USA) einfach im Boden versickern; feste Abfälle wurden vergraben. Auf dem Gelände mehrerer US-amerikanischer kerntechnischer Anlagen befinden sich die stark radioaktiven Abfälle mangels besserer Möglichkeiten in mehr als 20 m hohen stahlarmierten Beton-Containern [53]. Das ungelöste, den Betreibern sehr wohl bekannte Problem der raschen Korrosion dieser Behälter wird aus Ratlosigkeit verdrängt.

In der Bundesrepublik hat man jahrelang daran gedacht, einen Salzstock bei Gorleben oder aber stillgelegte Schächte des Bergwerks „Asse 2" bei Braunschweig als „Endlager" zu nutzen. Bei diesen Diskussionen wurde verschwiegen, daß sich in diesem Gebiet allein in unserem Jahrhundert mehrere Stolleneinbrüche ereigneten. Man gibt auch nicht zu, daß es in den Nachbarstollen zu Wassereinbrüchen gekommen ist [19]. Nachdem ein in jüngster Zeit erstattetes Gutachten die Brauchbarkeit der geplanten Salzstöcke offenbar verneint, zeichnen sich andere Lagermöglichkeiten nirgends ab. Somit weiß man bis heute nicht, wann man die in „Zwischenlagern" aufbewahrten Abfälle endlich einmal in ein sicheres Depot abschieben kann.

Die Kernkraftwerke der Bundesrepublik transportieren ihre abgebrannten Brennstäbe in verschiedene ausländische Aufbereitungsanlagen, so in das französische La Hague und das belgische Mol. Jahraus, jahrein rollen damit erhebliche Mengen extrem gefährlicher Abfälle über die deutschen Schienen und Straßen, in einzelnen Jahren allein mehr als 50 Plutonium-Transporte [35]. In vielen Ländern haben sich trotz aller Vorsichtsmaßnahmen immer wieder schwere Transportunfälle ereignet; allein aus den USA wurden mehr als 15 Unfälle gemeldet; dabei gelangten in mindestens fünf Fällen hochradioaktive Spaltprodukt-Mischungen in Böden und/oder Flüsse [53].

Es ist sicherlich beruhigend zu erfahren, daß die Sicherheit der deutschen Kernkraftwerke mit einem gewaltigen Aufwand immer weiter gesteigert wird. Wir dürfen auch davon ausgehen, daß der Ausbildungsstand des verantwortlichen Bedienungspersonals sehr hoch anzusetzen ist. Die Kette zwischen der Förderung der Uranerze und der Wiederaufbereitung der verbrauchten Brennstäbe kann aber nicht stärker sein als ihr schwächstes Glied.

Wenn sich der Transport des „Atommülls", wie immer wieder behauptet wird, als die eigentliche Schwachstelle der ganzen nuklearen Technologie herausstellen sollte, so wäre es höchst beunruhigend zu wissen, daß sich dieses Kettenglied in den Händen einiger „schwarzer Schafe" befindet, wird damit doch jeglicher Kredit der mit einem Milliardenaufwand aufgebauten kerntechnischen Betriebe leichtfertig verspielt. Gerade in jüngster Zeit haben Angaben über die Strahlenbelastung der Transportfahrzeuge aufhorchen lassen, die immerhin so beträchtlich waren, daß der Transport von verbrauchten Brennstäben in die französischen Wiederaufbereitungsanlagen vorübergehend eingestellt werden mußte.

Im Interesse einer zuverlässigen Energieversorgung durch kerntechnische Anlagen können wir nur hoffen, daß offenkundige Mängel an einer anscheinend vernachlässigten Schwachstelle bald behoben werden.

## 5.4 Übergang der Radionuklide in die Biosphäre

An der Schwelle zwischen Wasser, Boden und Luft auf der einen und der Biosphäre auf der anderen Seite stehen die Pflanzen; sie allein sind dazu in der Lage, anorganische Moleküle ($CO_2$, $H_2O$ u. a.) und Ionen in ihre Zellen aufzunehmen und in Biomasse einzubauen. Ebenso wie der Mensch sind alle Tiere und Bakterien darauf angewiesen, „vorfabrizierte" organische Moleküle (d. h. Kohlenstoffverbindungen) zu verwerten. Am Anfang aller Überlegungen, auf welchem Wege ein Radionuklid über die Nahrungskette bis in den menschlichen Organismus gelangt, steht daher die Betrachtung der Stoffaufnahme durch die Pflanzen. Diese erfolgt für die einzelnen RN sehr unterschiedlich; einzelne Pflanzenarten reichern z. B. die Fallout-RN so stark an, daß Aktivitätskonzentrationen bis zu mehr als 10.000 Bq/kg resultieren [27].

Bei allen radioökologischen Betrachtungen muß die sog. biologische Halbwertszeit der aufgenommenen RN betrachtet werden. Wir verstehen darunter die mittlere Aufenthaltsdauer eines Elements innerhalb des betreffenden Organismus. Deren Größe ist von der physikalischen Halbwertszeit der eingebauten Isotope oft erheblich verschieden. So gilt für das Caesium-137 mit einer physikalischen HWZ von rund 30 Jahren beim Menschen eine biologische HWZ von nur $\sim$ 100 Tagen. Dabei muß indessen berücksichtigt werden, daß die biologische HWZ davon abhängt, in welche Zellinhaltsstoffe das betreffende Element eingebaut wird.

Für die Elemente Wasserstoff und Kohlenstoff existieren zwei Eintrittspforten. Mit einem jährlichen Einbau von rund $10^{11}$ t Kohlenstoff nimmt die Vegetation auch das radioaktive Isotop $^{14}C$ auf. Für eine einzelne (etwa 40jährige) Fichte mit einem Jahreszuwachs von 150 kg führt dies zu einer Einlagerung von $\sim$ 10.000 Bq Kohlenstoff-14 pro Jahr und damit zu einer meßbaren Zunahme der Radioaktivität der gebildeten Jahresringe. Wie das $CO_2$ kann auch das $H_2O$ in Form von Wasserstoff direkt in die Zelle aufgenommen werden. Sofern diesem Wasser das radioaktive Tritium beigemischt ist, wird dieses mit in die Zellen eingeschleust. Dabei bleibt ein Teil des Radioisotops an die Fraktion des Zellwassers gebunden. In dieser Form wird es rasch wieder ausgetauscht. Ein anderer Teil aber wird in den Stoffwechsel einbezogen und findet auf diese Weise seinen Weg in verschiedene organische Moleküle. In dieser „gebundenen" Form wird das Tritium während der Lebensdauer der betreffenden Pflanzen oft gar nicht oder nur zu einem geringen Teil wieder ausgeschleust.

Sieht man vom gasförmigen $CO_2$ und vom Wasserdampf einmal ab, so gelangt der größte Teil der Elemente über das im Boden ausgebreitete Wurzelsystem in die Gewebe. Dabei erfolgt die Aufnahme der als Kat- oder Anionen vorliegenden Elemente aus der Bodenlösung, in der diese i. a. in Konzentrationen von $\leq 20$ mM gegeben sind. In diesem System herrscht ein ständiger Austausch zwischen gelösten und an Mineralien und Kolloide des betreffenden Bodens absorbierten Ionen. In dieses Gleichgewicht greift die Wurzelrinde mit ihren Wurzelhaaren (siehe Abb. 23) nach Art eines Ionenaustauschers ein. Dabei gelten für diesen Primärschritt der Aufnahme auch die gleichen Gesetze wie für den Ionenaustausch an synthetischen Materialien (beispielsweise Wasserenthärtern). Wie bei diesen besteht eine starke Abhängigkeit nicht nur von der Feuchtigkeit, sondern ebenso von der Konzentration gleichzeitig vorhandener Ionen gleicher Ladung, vor allem von der Wasserstoffionenkonzentration (pH-Wert) der umgebenden Lösung. Eine wichtige Rolle für die Stoffaufnahme spielen der Zerteilungsgrad und die Tiefenstaffelung des Wurzelsystems. Sicherlich erhalten Tiefwurzler (z. B. Getreide-Arten) ihre Elemente aus anderen Schichten als Flachwurz-

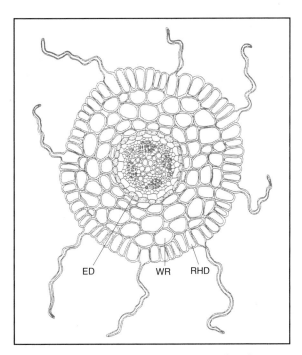

Abb. 23: Wurzelquerschnitt (nach [120], ED = Endodermis, RHD = Rhizodermis und Wurzelhaare, WR = Wurzelrinde).

ler (z. B. Fichten). Viele, wenn nicht sogar die meisten Pflanzenwurzeln gehen eine Symbiose mit Pilzen ein („Mycorrhiza"). Sie besitzen dadurch eine noch größere Aufnahmefläche als durch ihre nur kurzlebigen Wurzelhaare.

Die Wände der Wurzelrinde (siehe Abb. 23) binden aufgrund ihres Überschusses an negativen Ladungen [142] vor allem Kationen. Dabei gilt für die Adsorption die Reihenfolge Strontium > Barium > Caesium = Ruthenium. Viele dieser Elemente werden innerhalb der Wurzelrinde so fest gebunden, daß sie nicht in die oberirdischen Teile der Pflanzen einwandern. Ein anderer Teil der Ionen wird dagegen – oft unter Energieaufwand („aktiv") – durch die innerste Rindenschicht (die sog. Endodermis) in das Leitgewebe „gepumpt"; dieser Schritt wird vom Stoffwechsel gesteuert [46]. Dabei werden einwertige Ionen bevorzugt; es gilt die Reihenfolge Caesium > Strontium > Barium > Ruthenium. Die in den Blättern ankommende Ionenlösung kann dadurch zusätzlich verändert werden, daß an den Wänden des Leitgewebes noch einmal ein Ionenumtausch erfolgt [16].

Für etliche Elemente sind auch die oberirdischen Pflanzenteile, vor allem die Laubblätter, eine wichtige Eintrittspforte. In wesentlich stärkerem Maße als noch vor wenigen Jahren angenommen und bis heute in vielen Lehrbüchern vertreten, können wasserlösliche Salze nicht nur aus Regentropfen, sondern auch aus trocken deponierten Aerosolen sowie aus Staubpartikeln durch die Epidermis hindurch in das Blatt (Abb. 24) aufgenommen werden. Dabei wirkt die wachsartige Cuticula als Kationenumtauscher; wie die Wurzelrinde bevorzugt auch sie einwertige Ionen. Für das Ausmaß der Aufnahme sind die „spezifische Oberfläche" (gemessen in $cm^2$/g Blattmasse) sowie der sog. Blattflächen-Index (gemessen in $cm^2$ Blattfläche/ $cm^2$ Bodenoberfläche) wichtige Größen. Bei einer Betrachtung luftbürtiger Verunreinigungen muß berücksichtigt werden, daß an wasserabweisenden Blattoberflächen weit weniger Partikel haften bleiben als an leicht benetzbaren, klebrigen oder gar behaarten Blättern. Durch Regen werden etliche Partikel von den Blattflächen wieder abgewaschen; andere fallen

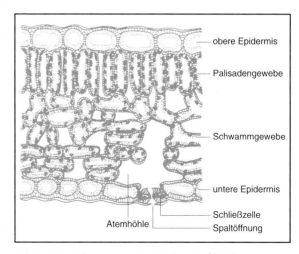

Abb. 24: Blattquerschnitt (nach [120]).

mit den Schuppen der Cuticula ab. Hinzu kommt, daß etliche Blätter einen Teil der aus dem Boden aufgenommenen Ionen wieder ausscheiden. Schließlich gelangen durch den Laubfall alljährlich erhebliche Stoffmengen in den Boden zurück. In der Praxis wird sich eine klare Trennung zwischen ober- und unterirdischer Stoffaufnahme oft gar nicht durchführen lassen.

Um das Ausmaß der Aufnahme zu charakterisieren, ermittelt man in der Regel den sog. Transfer-Faktor, d.h. das Verhältnis

$Bq_{Pflanze}/Bq_{Medium}$.

Für Wasserpflanzen kann man diese Werte leicht bestimmen [140]. Sehr viel schwieriger ist dies oftmals für Landpflanzen, bei denen zwischen dem Eintritt des betreffenden Elements in die Wurzel und dessen Transport in die oberirdischen Teile zu unterscheiden ist. Leider wird oft nicht genügend berücksichtigt, daß die Transfer-Faktoren außerordentlich variabel sind; in aller Regel nehmen Pflanzen aus stark verdünnten (Boden-)Lösungen relativ größere Mengen auf. Es ist daher nicht verwunderlich, daß die in der Fachliteratur niedergelegten Daten für viele RN über mehrere Größenordnungen variieren [43].

Den Biologen ist lange bekannt, daß Pflanzen die Fähigkeit besitzen, einige Elemente weit über deren Konzentration im umgebenden Medium (Wasser oder Bodenlösung) hinaus anzureichern. Besonders gut sind wir über derartige Akkumulationen in Wasserpflanzen informiert. Elementaranalysen (siehe Tab. 16 und 17) haben ergeben, daß sich die Zellen der Tiere und Pflanzen in ihrer Zusammensetzung oft beträchtlich von der ihrer Umgebung unterscheiden. Schon ein einfacher Vergleich zwischen der Zusammensetzung eines Meeresorganismus mit dem ihn umgebenden Ozeanwasser zeigt, daß Pflanzen und Tiere keineswegs alle ihnen zur Verfügung stehenden Elemente in gleicher Menge aufnehmen, sondern daß sie über ein gewisses „Wahlvermögen" verfügen. So findet sich in den (allermeisten) Organismen mehr Kalium als Natrium. Noch deutlicher ist die Bevorzugung einiger anderer Elemente, und zwar des Kohlenstoffs, des Phosphors, des Stickstoffs und des Eisens. Für einen unterschiedlichen Einbau der Elemente spricht auch die Stoffzusammensetzung von verschiedenen an bzw. in einem Süßwassersee wachsenden Pflanzen. Einige von ihnen, z.B. die Krebsschere (*Stratiotes aloides*), speichern Kalium, andere, wie das Schilf (*Phragmites communis*), Silicium, wiederum andere, wie beispielsweise die Seerose (*Nymphaea alba*), das Natrium [119]. Dabei können einige Elemente um mehrere Größenordnungen angereichert werden. Für das Iod ist dies seit Jahrhunderten bekannt, dienten Meeresalgen doch seit jeher zur Gewinnung dieses Elements.

Viele Algen sowohl des Süßwassers als auch der Ozeane akkumulieren zahlreiche Metalle (siehe Tab. 17), wodurch deren Zellen z.B. vor der eng-

*Tab. 16: Vergleich der Elementarzusammensetzung (Gewichts-%) eines marinen Organismus mit der des Meerwassers (nach [119]).*

|  | Meerwasser | Organismus | Transferfaktor |
|---|---|---|---|
| Sauerstoff | 85,966 | 79,99 | 0,93 |
| Wasserstoff | 10,726 | 10,21 | 0,93 |
| Chlor | 1,935 | 1,05 | 0,54 |
| Natrium | 1,075 | 0,54 | 0,50 |
| Magnesium | 0,130 | 0,03 | 0,23 |
| Schwefel | 0,090 | 0,14 | 1,6 |
| Calcium | 0,042 | 0,04 | 1,0 |
| Kalium | 0,039 | 0,29 | 7,4 |
| Kohlenstoff | 0,003 | 6,10 | 2 000 |
| Stickstoff | 0,001 | 1,52 | 1 500 |
| Phosphor | <0,0001 | 0,13 | 20 000 |
| Eisen | <0,0001 | 0,007 | 1 500 |

lischen WAA bei Windscale/Sellafield bedenklich hohe RN-Konzentrationen aufweisen (vgl. [119]).

Nicht nur Wasserpflanzen, auch viele Landpflanzen zeigen eine merkwürdige „Vorliebe" für ganz bestimmte Elemente. Unter den Pilzen gibt es etliche „Sammler" von Caesium und Strontium, unter Waldbäumen solche von Uran, Blei und anderen Metallen. Unter den akkumulierbaren Elementen finden sich etliche radioaktive Isotope, die zum Teil – wie die des Caesiums und des Strontiums – erst durch die Kerntechnik in unsere Umwelt gelangten. Etliche Pflanzen entnehmen dem Boden das Erdalkalimetall Radium wesentlich leichter als Uran und Thorium. Eine ausgesprochene Radium-Akkumulation zeigt z. B. der Wiesenklee (*Trifolium pratense*) mit bis zu 480.000 Bq/kg. Für den Menschen ist die Aufnahme radioaktiver Elemente über die Nahrungskette besonders kritisch. Sie erfolgt z.B. über die RN-Akkumulation verschiedener Pollenkörner, wodurch Radionuklide in den Honig gelangen. Auch ist zu bedenken, daß zahlreiche Pilze, unter ihnen etliche jener Arten, die als Mycorrhiza-Pilze mit Blütenpflanzen in Symbiose leben, zu den wirksamsten „Sammlern" zählen

*Tab. 17: Anreicherung von Radionukliden in Süßwasserpflanzen (Daten nach [97]).*

| Radionuklid | Transferfaktoren | | |
|---|---|---|---|
|  | Mittelwert | Minimum | Maximum |
| Mangan-54 | 150 000 | 1 300 | 600 000 |
| Cobalt-60 | 6 760 | 300 | 30 000 |
| Eisen-59 | 6 675 | 40 | 45 000 |
| Cer-144 | 3 180 | 200 | 38 500 |
| Zink-65 | 3 155 | 140 | 15 000 |
| Caesium-137 | 907 | 80 | 4 000 |
| Calcium-45 | 350 | 64 | 720 |
| Strontium-90 | 200 | 80 | 4 000 |
| Iod-131 | 69 | 10 | 200 |

[70]. In welchem Ausmaß deren Hyphen die aufgenommenen RN in die Wirtspflanzen einspeisen, ist noch wenig bekannt. Ein Übertritt in die Nahrungskette des Menschen ist auch bei Wasserpflanzen, z. B. über die Kette Algen → Zooplankton → Fische/Muscheln gegeben [116].

In den folgenden Abschnitten sollen die Einbauwege nur für einige besonders wichtige Elemente aufgezeigt werden.

### 5.4.1 Einbau des Tritiums

Aus der beinahe unüberschaubaren Datenfülle über die Aufnahme von Radionukliden in Pflanzen und Tieren sind im Rahmen des vorliegenden Bandes nur jene von Interesse, welche in wichtige Nahrungsmittel eingebaut werden. Eines dieser Elemente ist der Wasserstoff. Über den Weg der verschiedenen Wasserstoff-Isotope in die Biomasse liegen zahlreiche Untersuchungen vor. Kernkraftwerke geben den größten Teil des Tritiums (Wasserstoff-3), wenn nicht sogar dessen Gesamtmenge, als THO ab. Von WAA hingegen wird das Tritium in Form von TH und $T_2$ freigesetzt. Durch die Aktivität von Bodenbakterien wird dieser molekulare Wasserstoff jedoch sehr rasch zum THO oxidiert. Dadurch können im Bodenwasser in der Nähe von KKW Aktivitäten von fast 15.000 Bq/l (Grenzwert: 185 Bq/l) erreicht werden.

Da der Siedepunkt von THO höher liegt als der von $H_2O$, kommt es bei der Transpiration der Blätter zu einer Tritium-Anreicherung. Zu beachten ist aber nicht allein der „reguläre" $H_2O$-Transport vom Boden bis zu den Blattoberflächen; weit stärker noch als lange Zeit angenommen, tauschen Blätter einen Teil ihres Wassers – durch die Spaltöffnungen (siehe Abb. 24) hindurch – mit dem Wasserdampf der Atmosphäre aus [10]; etliche Pflanzenarten entnehmen 20–40 % ihres Blattwassers unmittelbar der umgebenden Luft.

In der Nähe von Kernkraftwerken ließ sich wiederholt ein erhöhter Tritiumspiegel in Pflanzen nachweisen. Dies gilt vor allem nach Störfällen. So zeigten z. B. im Umkreis der Savannah River Plant eingesammelte Kiefernnadeln nach dem Unfall vom 31. Dezember 1975 (siehe Abschnitt 5.3.2.4) noch in 12 km Entfernung Einbauwerte von 185.000 Bq/l, während für einen früheren Störfall (1974) innerhalb der gleichen Anlage nur Werte bis zu 26.000 Bq/l angegeben worden waren.

Besonderes Interesse hat die Fähigkeit von Weinblättern gefunden, ihren Tritium-Spiegel mit dem der umgebenden Atmosphäre rasch in ein Gleichgewicht zu setzen [10]. Auf diese Weise gelangt tritiummarkiertes Wasser über die Trauben auch in den Wein. Rotweine aus der Umgebung der französischen Wiederaufbereitungsanlage bei Marcoule (Rhonetal) weisen manchmal Aktivitätskonzentrationen von

> 1.800 Bq/l auf. In der Bundesrepublik wurden zur Zeit des maximalen FO Spitzenwerte von mehr als 220 Bq/l gemessen. Heute liegen die Tritiumgehalte der deutschen Weine bei 15 Bq/l; nur sehr vereinzelt werden höhere Werte gemessen, so in den Jahren 1974 und 1976 im Bereich des KKW Neckarwestheim, wo sie vorübergehend die Grenze von 40 Bq/l überschritten [88]. Durch diesen bevorzugten Einbau des Tritiums ist es in der unmittelbaren Umgebung der Kernwaffen-Testgelände sowohl auf dem Eniwetok-Atoll als auch in Nevada zu einer millionenfachen Anreicherung des Tritiums gekommen [94]. Biologisch bedeutsam ist dabei vor allem die Einlagerung in Nukleinsäure-Bausteine, die zu Chromosomenschäden führen kann.

Über den Tritium-Gehalt pflanzlicher wie tierischer Nahrungsmittel liegen in der Literatur zahlreiche Daten vor [18]. Ein Teil des von pflanzlichen Geweben aufgenommenen Tritiums wird an Kohlenstoff-Kohlenstoff-Doppelbindungen angelagert und so in längerlebige Verbindungen der Blattzellen einbezogen. In dieser „gebundenen" Form erweist es sich gegenüber dem normalen Wasserstoff als angereichert, bei Erdbeeren z. B. um mehr als den Faktor 6 [163].

### 5.4.2 Einbau des Kohlenstoffs

Neben dem Tritium emittieren Reaktoren auch den Kohlenstoff-14 als Baustein einer gasförmigen Verbindung. Daher beobachtet man in der Nähe von KTA vielfach eine erhöhte $^{14}$C-Radioaktivität von Pflanzen [99]. Nahe der WAA bei Windscale sind in Blättern sogar $^{14}$C-Anreicherungen um 400 % gemessen worden.

### 5.4.3 Einbau der Edelgase und ihrer Tochterprodukte

Kerntechnische Anlagen verunreinigen die Atmosphäre durch erhebliche Mengen radioaktiver Edelgas-Isotope; so ging auch beim Tschernobyl-Desaster rund die Hälfte der abgegebenen Radioaktivität auf das Xenon-133 zurück. Nicht nur bei dieser Katastrophe, auch bei kleineren Störfällen kommt es zur Emission größerer Xenon-Mengen. So dürfte im Januar 1977 das KKW Gundremmingen im Stundenmittel Mengen von $> 370 \cdot 10^9$ Bq/h entlassen haben.

Da Edelgase keine Verbindungen mit anderen Elementen bilden, wird vielfach die Ansicht geäußert, sie würden keine Gefährdung der Biosphäre darstellen. Dieser Schluß ist voreilig: Edelgase sind ungewöhnlich gut fettlöslich; sie reichern sich dadurch in den Zellmembranen und den wachsartigen Schutzschichten der Blätter an. Durch ihren radioaktiven Zerfall „verschwinden" die Edelgase keinesfalls; sie wandeln sich lediglich in andere RN um. Dies konnte für das natürlich vorkommende Radon-222 gezeigt werden; seine Zerfallsprodukte (u. a. Wismut-210, Blei-210 und Polonium-210) ließen sich durch ihre intensive Strahlung sichtbar machen. So wird aus dem kurzlebigen Krypton-89 (HWZ: 1,84 s) das Strontium-89; das Krypton-90 (HWZ: 32,3 s) liefert über das Rubidium-90 (HWZ: 2,6 min) das Strontium-90. Die Spaltung des Xenon-137 (HWZ: 3,84 min) führt zum Caesium-137. Damit stellen die beiden Edelgase Krypton und Xenon Vorstufen der zwei besonders gefährlichen RN Strontium-90 und Caesium-137 dar. Würden diese tatsächlich innerhalb der Cuticula entstehen, so müßte dies den Effekt radioaktiver Edelgase noch verstärken.

Vom medizinischen Standpunkt aus ist es besonders gefährlich, daß Edelgase sich an Aerosol- und Staubpartikel anlagern. Mit diesen werden sie inhaliert und auf den inneren Schleimhäuten des Bronchialsystems sowie in Lungenbläschen abgelagert. Da die Zerfallsenergien einiger Edelgas-Isotope sehr hoch (> 4 MeV) sind, stellen die betreffenden Partikel gefährliche „hot spots" (siehe Abschnitt 5.3.1) dar, vor allem, wenn diese auf dem Wege der Phagozytose in das Lymphsystem gelangen.

Das natürlich vorkommende Radon-222 erreicht über den Kontinenten eine Aktivitätskonzentration zwischen 1,8 und 18,5 Bq/m$^3$ [110]. Die hohe Zahl an Krebs-Erkrankungen vor allem im Gebiet um Joachimsthal (Erzgebirge) ist sicherlich auf die Inhalation dieses radioaktiven Gases zurückzuführen. Da die natürliche Reinigung der Bronchien durch den Flimmerschlag des Epithels bei Rauchern eingeschränkt ist, verstehen wir auch, daß bei zigarettenrauchenden Bergleuten die Krebsrate signifikant erhöht ist (siehe Abschnitt 5.5). Sehr hohe Rn-222-Konzentrationen ergeben sich vor allem in der Nähe von aufgelassenen, d. h. nicht mehr durchlüfteten Stollen.

### 5.4.4 Einbau aerosolgebundener Radionuklide

Ähnlich wie die Edelgase werden auch die meisten anderen RN an Aerosol- und/oder Staubpartikel gebunden. Teilchen mit Durchmessern < 4 µm werden zumeist leicht von Blättern festgehalten, Partikel mit > 40 µm dagegen kaum fixiert [147], es sei denn, die betreffenden Blätter seien behaart oder klebrig [83]. In diesen Fällen können Blattpflanzen zu ausgesprochenen „Staubsammlern" werden. Dies gilt in noch stärkerem Maße für die Flechten.

Das Element Uran wird von mehreren Pflanzen akkumuliert, u. a. von Weinreben, deren Samen eine Konzentration von fast 0,3 % Uran aufweisen können [133], aber auch von verschiedenen Bäumen. Besonders hohe Uran-Mengen werden in einige Pflanzen der russischen Taiga eingebaut. Vom medizinischen Standpunkt aus wichtiger sind jedoch Uran-Tochterprodukte mit einer längeren Halbwertszeit, vor allem das

Radium-226 (HWZ: 1.600 a). Über das Wurzelsystem nehmen Blütenpflanzen dieses Erdalkalimetall langsamer auf als die verwandten Elemente Calcium und Strontium [63], rascher jedoch als Blei und das Uran selbst [147]. In der europäischen Flora darf das Heidekraut (*Calluna vulgaris*) als Radium-Sammler gelten [133]. Sieht man einmal von der Übertragung durch Honig ab, so ist der Wiesenklee (*Trifolium pratense*) wegen seiner Zugehörigkeit zur Nahrungskette des Menschen bedeutsamer; auf radiumreichen Böden können dessen Blätter Aktivitätskonzentrationen von 480 Millionen Bq/kg zeigen.

Auch etliche Tochterprodukte des Thoriums werden in die pflanzliche Biomasse eingebaut. Dabei tritt Thorium-232 (HWZ: 14 Milliarden Jahre) selbst nur in Spuren in die Wurzelrinde ein. Es muß aber damit gerechnet werden, daß einzelne Pflanzen das Element oberirdisch über die Blattepidermis aufnehmen. Nur so ist zu erklären, daß sich etliche Arten als Thorium-„Sammler" entpuppten, in der heimischen Flora vor allem der Huflattich (*Tussilago farfara*).

Als gefährliche Kontamination oberirdischer Pflanzenteile kommen die Zerfallsprodukte des für Atomwaffen sowie in Brennelementen verwendeten Uran-235 in Betracht. Biologisch bedenklich sind davon die längerlebigen RN wie die beiden Seltenen Erden Promethium-147 (HWZ: 2,6 a) und Cer-144 (HWZ: 284,4 d). Ein weiteres Spaltprodukt des Uran-235 ist das Ruthenium-103 (HWZ: 39,2 d), das aber über die Wurzeln nur in sehr geringen Mengen aufgenommen wird [142].

### 5.4.4.1 *Einbau des Strontiums*

Zu den bestuntersuchten Spaltprodukten des Uran-235 (HWZ: ~ 700 Millionen a) zählen die beiden Strontium-Isotope $^{89}$Sr und $^{90}$Sr [2]. Für Wirbeltiere ist vor allem das langlebige Strontium-90 (HWZ: 28,1 a) dadurch gefährlich, daß es vom Organismus mit dem nächstverwandten Element Calcium „verwechselt" wird. Bei Mensch und Tier wird das Element so bevorzugt in die Knochensubstanz eingebaut. Dabei scheint die β-Strahlung des Erdalkalimetalls 10mal wirksamer zu sein als die vom Tochterprodukt Yttrium-90 (HWZ: 64 h) ausgehende β-Strahlung. Andererseits ist das Yttrium-90 dadurch besonders gefährlich, daß es im menschlichen Körper umgelagert und sowohl in den Keimdrüsen als auch im Pankreas und der Hypophyse angereichert wird.

Pflanzen nehmen dieses Element sowohl über Boden und Wurzeln als auch direkt über die Blätter auf [149]. Da Strontium nur langsam in den Boden eindringt, sind Flachwurzler besonders gefährdet. Für etliche Kulturpflanzen, z. B. Getreide [83], scheint die oberirdische Aufnahme bevorzugt zu sein. Zu den „Sammlern" dieses Elements gehört neben der Baumwolle vor allem der Grünkohl (*Brassica oleracea* var. *acephala*), aber auch im Tabak und im Tee sind hohe Strontium-90-Aktivitäten gemessen worden.

Unter den niederen Landpflanzen reichern etliche Moose das Strontium bis zum 800fachen, Torfmoose sogar bis zum 1.000fachen an [126]. Bedeutsam ist die hohe Einlagerung in verschiedene Flechten. Unter diesen stellt vor allem die Rentierflechte (*Cladonia rangiferina*) die Hauptnahrung der Rentiere dar. Auf dem Wege über das Fleisch dieser Tiere gerät das RN in Skandinavien auch in die menschliche Nahrungskette. Allein schon aus diesem Grunde liegen über dessen Akkumulation nach den Atomwaffen-Testserien zahlreiche Arbeiten vor. Ausgesprochene Strontium-„Sammler" sind auch viele Pilze, die bis zu $>35$ Bq/kg akkumulieren. Die von aufgelagerten Strontium-90-haltigen Partikeln ausgehende Strahlung (ZE: $\sim 1{,}5$ MeV) dringt mindestens 40 μm tief in das lebende Gewebe ein [148].

### 5.4.4.2 Einbau des Caesiums

Nach den Atomwaffentests und nach dem Tschernobyl-Desaster hat man dem Caesium-137 (HWZ: 30,2 a) besondere Beachtung geschenkt. Von pflanzlichen Geweben wird es mit dem verwandten Alkalimetall Kalium „verwechselt". Daher hängt die Menge des aufgenommenen Caesiums auch sehr stark von der Konzentration des im gleichen Bodenhorizont vorhandenen Kaliums ab.

Nach den Waffentests ließen sich größere Mengen an Caesium-137 im Regenwasser nachweisen, doch waren nur 70–90 % davon gelöst; der Rest war lediglich suspendiert. WAA entlassen caesiumreiche Abwässer. Im Falle der in Küstennähe gelegenen WAA Windscale/Sellafield wird bei Flut oft beweidetes Grasland überspült. Dabei bleiben zahlreiche RN-Partikel an den Gräsern hängen; sie werden vom Vieh aufgenommen und gelangen so in die menschliche Nahrungskette. In ariden Gebieten wie der Wüste von Nevada ist die Winderosion kontaminierter Böden eine weitere Gefahrenquelle [83].

Die Hauptmenge des von den WAA La Hague und Windscale/Sellafield abgegebenen Caesiums kontaminiert die Nordsee (siehe oben). Im Seewasser bleibt das Ion i. a. gelöst, während es im Süßwasser zu einem beträchtlichen Teil in das Sediment übertritt. So wurden in den Ablagerungen der „Upper Great Lakes" an der Grenze zwischen den USA und Kanada bis zu 5.500 Bq/m$^2$ gemessen. Es muß jedoch damit gerechnet werden, daß das sedimentgebundene RN – wenigstens teilweise – wieder freigesetzt werden kann.

Besonders große Caesium-Mengen werden von Pflanzen akkumuliert, die im Abwasser von KTA wachsen. Einige im Abfluß der US-amerikanischen Savannah River Plant vorkommende Pflanzen enthielten Aktivitätskonzentrationen von $>10^8$ Bq/kg [158]. Bei Landpflanzen kann die Aufnahme sowohl über die Epidermis als auch über das Wurzelsystem [83] erfolgen. In der Bundesrepublik können Böden in 8 cm Tiefe bis zu 250 Millionen Bq Cs-137 pro Kilogramm Trockenmasse aufweisen [156]. Da das $Cs^+$-Ion noch langsamer wandert als das des zweiwertigen Strontiums – und in Bindung an Ton praktisch unbeweglich ist –, sind flachwurzelnde Pflanzen durch Caesium weit stärker gefährdet als Tiefwurzler. Durch Überflutungen oder auch durch die Tätigkeit bodenbewohnender Tiere, vor allem der Regenwürmer, kommt es jedoch zu einer rascheren Verlagerung in größere Bodentiefen.

Etliche Landpflanzen können Caesium akkumulieren, unter ihnen viele Gräser, die auf kontaminierten Böden nahezu 10.000 Bq/kg enthalten können. Zu diesen „Sammlern" gehört insbesondere der Reis. Auch im Tabak wurden wiederholt unverwartet hohe Caesium-Konzentrationen festgestellt. Bei deutschen Sorten liegen diese mit 1,5–2,6 Bq/kg doppelt so hoch wie für das Strontium. Ungewöhnlich hohe Anreicherungen zeigt auch die Krähenbeere (*Empetrum nigrum*).

Ebenso wie beim Strontium werden auch beim Caesium extreme Transfer-Faktoren für Torfmoose (*Sphagnum*-Arten) beobachtet. Auch bei Flechten liegen die gemessenen Werte oft sehr hoch. Eine bemerkenswerte Akkumulation zeigen die Fruchtkörper mehrerer Pilze. Dabei können Spitzenwerte von 18,5 Millionen Bq/kg Trockengewicht gemessen werden [69].

Ist das Caesium erst einmal in ein Gewebe aufgenommen, so wird es wie das Kalium transportiert. Bei besonders hohen Einbauraten können die emittierte energiereiche (ZE: 1,18 MeV) β-Strahlung und die begleitende γ-Strahlung des Tochterprodukts Barium-137m (HWZ: 2,55 min) Schäden verursachen.

### 5.4.4.3 *Einbau des Iods*

Bei einem Großbrand im britischen Windscale wurde das Iod über ~200 km vertragen [85]; dabei stellte man fest, daß Böden das Iod wesentlich fester halten als ursprünglich angenommen. Noch größere Iod-Mengen entließ der havarierte Tschernobyl-Reaktor (siehe Abschnitt 5.3.2.4). In der Atmosphäre existiert Iod teils in anorganischer Form (als $I_2$, HI, $I^-$, $IO_3^-$), teils in organischer Bindung (z. B. als $CH_3I$) [8]. Wegen seines verhältnismäßig niedrigen Siedepunktes liegt beim Iod ein temperaturabhängiges Gleichgewicht zwischen adsorbierten und gasförmigen Anteilen vor. Das gilt auch für Zellwände, von denen das Element durch Sublimation rasch wieder verschwindet. Blätter nehmen Iod und Iodwasserstoff (HI) durch ihre Spaltöffnungen in das Interzellularsystem auf. Dieser Einbauweg dürfte den über die Epidermis um >50 % übertreffen [147]. Ist Iod erst einmal in ein pflanzliches Gewebe eingedrungen, so erfolgt nur noch eine sehr geringe Weiterleitung.

Die besondere biologische Bedeutung des Iods liegt in dessen Einbau in zyklische Aminosäuren (Tyrosin, Phenylalanin). Dies gilt für tierische Gewebe (Schilddrüse) ebenso wie für viele Pflanzen. Meeresalgen akkumulieren das Iod bis zum ~ 1.000fachen, aber auch mehrere Landpflanzen, unter ihnen die Gerste (*Hordeum vulgare*) und die Bohne (*Phaseolus vulgaris*), synthetisieren iodhaltige Aminosäuren.

Bereits das locker aufgelagerte Iod stellt eine Gefährdung der betroffenen Gewebe dar. Solange kein Einbau in Zellinhaltsstoffe erfolgt, wirkt das Element dabei allein durch seine „externe" Strahlung [148], die aufgrund der hohen Zerfallsenergie eine erhebliche Reichweite besitzt. Dies gilt vor allem für das Iod-131 (ZE: 970 keV). Bedingt durch seine kurze HWZ von wenig mehr als einer Woche verschwindet dieses RN sehr rasch wieder aus der Biosphäre. Dies hat sich vor allem nach der Tschernobyl-Havarie gezeigt, in der die Iod-Kontamination nur während der ersten Phase die dominierende Gefahr darstellte. Das ebenfalls von KTA emittierte extrem langlebige Iod-129 (HWZ: 16 Millionen a) wird langsam in tiefere Bodenschichten durchgewaschen; es wird schließlich das Grundwasser erreichen.

#### 5.4.4.4 Einbau der Transurane

Die Elemente mit Ordnungszahlen > 92 („Transurane") entstehen heute ausschließlich in Kettenreaktionen innerhalb von Kernwaffen oder Reaktoren. Offenbar ist es nur in früheren Erdzeitaltern – in denen der Anteil der spaltbaren Isotops Uran-235 (HWZ: 70,4 Millionen a) deutlich höher lag als heute – gelegentlich zu spontanen Kettenreaktionen gekommen, durch die in tieferen Schichten der Lithosphäre Plutonium gebildet wurde.

Abgesehen von diesen Spuren, die allein durch Vulkanausbrüche in die Atmosphäre gelangen, sind alle Transurane vom Menschen geschaffen. Auf Masseneinheiten umgerechnet, dürften allein bis 1980 > 8 t Plutonium produziert worden sein. Von dieser Menge wurden weltweit 13 PBq emittiert. Ein wesentlicher Teil dieser Menge gelangt mit dem Abwasser der WAA in die Umwelt. Allein vom KfK wurden bis 1978 etwa 160 Millionen Bq an den Altrhein abgegeben. Die Anlage im englischen Windscale entließ allein bis 1977 $370 \cdot 10^{12}$ Bq Plutonium (PU-238/239/240) in die Irische See; 1978 waren es dann innerhalb eines einzigen Jahres fast 1,85 PBq [87]. Damit wurden der Nordsee immerhin „einige Kilo" Plutonium zugeführt [87]. Sicherlich ist ein Teil davon inzwischen in den Sedimenten festgelegt worden. Dies gilt auch für das Süßwasser; jedenfalls fanden sich in einem von der Kernforschungsanlage im belgischen Mol genutzten Abwasserkanal Sedimente mit 2.400 Bq/kg Plutonium. Zusätzlich gelangte Plutonium-238 über verglühende Satelliten-Batterien in die Atmosphäre [38].

Das Eindringen des Plutoniums in die Biosphäre gibt Anlaß zu ernster Besorgnis. Bedenklich ist dieses Element nicht zuletzt durch seine Akkumulation in Meeresalgen. So reichern vor Windscale wachsende Rotalgen (Porphyra spec.) das RN um den Faktor 100, Braunalgen sogar um das 3.000fache an [1]. Da an einigen Orten entlang der britischen Westküste Meeresalgen auch vom Menschen verzehrt werden, ist dieser Einbau höchst bedenklich.

In der Bundesrepublik haben die Plutonium-Abgaben der KTA auch den Boden belastet: in 100 m Entfernung vom KfK wurden Plutonium-Konzentrationen von 4.400 Bq/kg gemessen, was einer Kontamination von fast 150 Bq/m$^2$ gleichkommt. Auch in der Nähe von München wurden erhöhte Werte registriert. Über das Verhalten des Plutoniums im Boden sind wir erst unzureichend unterrichtet. Offensichtlich wird dieses Transuran stark adsorbiert; dennoch dringt es zumindest in die Wurzelrinde ein [11]. Während in Wasserpflanzen Anreicherungen bis zum 16.000fachen gemessen wurden, sind die Transfer-Faktoren für Plutonium für unsere landwirtschaftlichen Kulturpflanzen i.a. < 1; allerdings gilt der Reis als Plutonium-„Sammler" [2]. Blätter nehmen das Transuran aus aufgelagerten Aerosolen auf. Auch im Blütenhonig finden sich gelegentlich höhere Plutonium-Konzentrationen [38].

### 5.4.4.5 Einbau anderer Radionuklide

Eine erhebliche Akkumulation ist auch für das Technetium-99 (HWZ: 213.000a) beschrieben worden. KTA können mit ihrer Abluft > 500 Bq/h freisetzen [88]. Über die toxikologische Gefährdung der Biosphäre durch dieses Metall, vor allem über die strahlenbiologische Wirkung dieses sehr langlebigen β-Strahlers, ist wenig bekannt.

Im Abwasser aus kerntechnischen Anlagen finden sich überdies etliche radioaktive Metalle. Viele von ihnen werden durch Wasserpflanzen beträchtlich akkumuliert. Dazu zählt neben den beiden Cobalt-Isotopen Co-58 (HWZ: 70,9 d) und Co-60 (HWZ: 5,27 a) auch das Zink-65 (HWZ: 243,8 d), das von einigen Wasserpflanzen um den Faktor 15.000 angereichert wird [97]. Von diesem Element ist ein noch stärkerer Einbau in Meerestiere beschrieben worden. Muscheln zeigten Anreicherungen um das 200.000fache. Durch von den KTA in Hanford (US-Bundesstaat Washington) abgegebene Zink-65-Abfälle kam es noch in einem Abstand von 400 km von der Pazifikküste entfernt zu einer erheblichen Kontamination von Muscheln, nach deren Genuß ein Arbeiter dieser Anlage eine beträchtliche radioaktive Belastung hinnehmen mußte [140].

## 5.4.5 Kontamination der Biosphäre durch den Tschernobyl-Fallout

Ein höchst unfreiwilliges Experiment zur Ausbreitung von Radionukliden bedeutete das Tschernobyl-Desaster, das auch in der rund 2.000 km vom Unfallort entfernten Bundesrepublik eine erhebliche Belastung von Lebensmitteln verursachte. Aus der fast unübersehbaren Fülle von Meßdaten sollen hier nur diejenigen herausgegriffen werden, die den Eintritt von Radionukliden in die menschliche Nahrungskette berühren.

In Deutschland wurden die Grenzwerte für Frischgemüse für Iod-131 auf 250 Bq/kg, für Caesium-137 auf 100 Bq/kg festgesetzt [131]. Infolge des Tschernobyl-Fallouts wurden diese Werte in den ersten Maitagen 1986 jedoch stellenweise erheblich überschritten. In Bayern geerntetes Blattgemüse wies bis zu 20.000 Bq/kg Iod-131 und 3.000 Bq/kg Caesium-137 auf [125]. Bei Heilbronn wurden am 6. Mai für Salat 3.890 Bq/kg Iod-131 gemessen; die Caesiumwerte reichten stellenweise bis zu 450 Bq/kg [125]. Noch höhere Aktivitäten wurden für Spinat festgestellt: In Ellwangen wurden am 7. Mai 8.370 Bq/kg Iod-131 zusammen mit 585 Bq/kg Cs-137 registriert; am 12. Mai bei Ulm geernteter Spinat wies allein 750 Bq/kg Caesium-137 auf; aus Italien importierte Ware war teilweise noch stärker kontaminiert [125].

Sehr hohe Werte wurden für Grünfutter gemessen. Für den Iod-Einbau wurden Extremwerte aus Weißrußland gemeldet; dort wurden für den Iod-Einbau bis zu 370.000 Bq/kg gemessen. In der Bundesrepublik betraf die Einlagerung vor allem Iod und Caesium. Im süddeutschen Raum wurden in Gras und anderen Futtermitteln bis zu 25.000 Bq/kg I-131 und 5.000 Bq/kg Cs-137 gemessen. Unweit Stuttgart eingesammelter Klee enthielt (am 6. Mai) bis zu 10.000 Bq/kg Iod-131 und 3.300 Bq/kg Cs-137 [125]. Besonders hohe Aktivitäten ergaben sich in der Nähe von Heutrockenanlagen; daraus resultierte in deren Umgebung stellenweise eine Ortsdosisleistung von 45 μrem/h.

Hoch belastet waren etliche Wildpflanzen sowie verschiedene Küchenkräuter: Bei Aalen geerntete Petersilie enthielt (am 7. Mai) ~5.800 Bq/kg Iod-131 und ~400 Bq/kg Cs-137 [125]. Besonders hohe Caesium-Werte zeigten sich beim Löwenzahn (*Taraxacum officinale*); am Bodensee (am 15. Mai) gesammelte Pflanzen wiesen 2.340 Bq/kg Iod-131 auf [125]; eine nahezu gleiche Aktivität zeigte auch Thymian (*Thymus serpyllum*). Unter den Obstsorten erwiesen sich Pfirsiche als besonders caesiumreich, unter den Beerensträuchern Heidelbeertriebe, die selbst 1988 noch 2.300 Bq/kg Caesium aufwiesen.

Für die als Caesium-„Sammler" bekannten Pilze (siehe Abschnitt 5.4.4.2) wurden in der Bundesrepublik Richtwerte von 250 Bq/kg Iod-131 und 100 Bq/kg Cs-137 festgesetzt. Auf dem Stuttgarter Großmarkt wurden dann aber Mitte Juli (d. h. als die Iod-Aktivität weitgehend abgeklungen war) für Pfifferlinge noch mehr als 100 Bq/kg Caesium-137 gemessen. Für Maronen-Röhrlinge (*Xerocomus badius*) stiegen die Caesium-Werte auf > 6.800 Bq/kg; daneben enthielten diese Pilze noch mehr als 250 Bq/kg des kürzerlebigen Caesium-Isotops Cs-134 (HWZ: 2,07 a). Noch höhere Caesium-Aktivitäten ergaben sich für den Weißfleckigen Gürtelfuß (*Cortinarius hemitrichus*) und den Kahlen Krempling (*Paxillus involutus*) mit 23.200 bzw. 26.000 Bq/kg. Erstaunlich hohe Caesium-Einlagerungen zeigten auch mehrere Farn-Arten, unter ihnen der Dornfarn (*Dryopteris carthusiana*) mit 27.000 Bq/kg Cs-137.

Unter den tierischen Produkten war vor allem das Wildfleisch kontaminiert. In baden-württembergischen Wäldern zwischen dem 14. Mai und dem 20. Juni erlegte Rehe wiesen in ihrem Muskelfleisch neben bis zu 180 Bq/kg Iod-131 zusätzlich 3.000 Bq/kg Caesium-137 auf [125]. Im Jahre 1987 wurden im gleichen Gebiet Rehe mit 4.800 Bq/kg Caesium geschossen. Für das Iod ergab sich eine bedenkliche Anreicherung in der Schilddrüse der Tiere: Ein in Hessen erlegtes Reh zeigte eine Schilddrüsen-Kontamination durch 17 Millionen Bq/kg Iod-131 und 3,3 Millionen Bq/kg Cs-137. Sehr hohe Caesium-Werte wurden auch bei einigen Fischarten gemessen.

In einem oberschwäbischen See geangelte Rotaugen wiesen 960 Bq/kg Cs-137 auf, im Bodensee gefangene Felchen 500 Bq/kg [125].

Besondere Aufmerksamkeit galt der Messung von Milch und Milchprodukten. Hier herrschte zunächst eine völlige Verwirrung hinsichtlich der Grenzwerte (für Baden-Württemberg 500 Bq/l, für Hessen 20 Bq/l). Diese Werte wurden jedoch mancherorts erheblich überschritten. Bei Bad Wurzach gesammelte Milchprodukte enthielten mehr als 1.700 Bq/l Iod-131 und über 300 Bq/l Cs-137. Extremwerte wurden naturgemäß im Unfallgebiet gemessen; im Süden Weißrußlands enthielt die Milch Aktivitätskonzentrationen bis zu 370.000 Bq/l [172].

Im Bienenhonig erreichten die Werte stellenweise 1.800 Bq/kg I-131; die Caesium-Werte stiegen auf mehr als 560 Bq/kg [125].

## 5.5 Biologische Strahlenschäden

Schon bald nach der Entdeckung der radioaktiven Elemente stellte sich heraus, daß die von RN abgegebenen Strahlen – ebenso wie die Röntgenstrahlen – gesundheitsschädigend sind. Man setzte alsbald eine maximal zulässige Strahlenmenge fest. Damals galten 50–100 rem/a als akzeptabel; seither ist dieser Grenzwert wiederholt reduziert worden. Es sollten noch etliche Jahre vergehen, bevor man die Mechanismen kennenlernte, durch welche die sog. „ionisierenden Strahlen" lebende Zellen schädigen.

### 5.5.1 Strahlenempfindliche Zellinhaltsstoffe

Hauptbestandteil der Zelle ist das Wasser (siehe oben); im allgemeinen entspricht die Trockenmasse von Geweben („Trockengewicht") nur etwa 10 % des Frischgewichts. Diese Zahl ist jedoch irreführend: Da die einzelnen Zellbestandteile höchst unterschiedliche Molekulargewichte haben, ergibt sich, auf Molekülzahlen bezogen, daß $H_2O$ mehr als 99 % aller in der Zelle vorhandenen Moleküle stellt. Damit ist die Wahrscheinlichkeit einer direkten Strahlenwirkung auf das $H_2O$ besonders groß. Dabei kommt es zu einer Spaltung des Moleküls in Radikale, d.h. zu der Reaktion

$$H_2O \rightarrow H^{\cdot} + OH^{\cdot}.$$

Eines der Produkte ist das Hydroxyl-Radikal ($OH^{\cdot}$). Es wirkt als starkes „Zellgift", d.h. es zerstört sekundär andere Moleküle oder Strukturen.

Alle Zellen sind von einer Membran umgeben. Diese besteht aus einem komplexen Zusammenschluß sehr verschiedener Molekülarten (Proteine, Lipide usw.). Wird einer dieser – gegenüber Wasser schwereren – Bausteine getroffen, so kann ein irreparabler Schaden entstehen. Er gibt sich oft durch die Veränderung des Stoffdurchtritts (Permeabilität) zu erkennen.

Am gründlichsten untersucht sind die Strahleneinflüsse auf die Nukleinsäuren. Diese Makromoleküle bauen die Chromosomen, die Träger der genetischen Informationen der Zelle, auf. Nukleinsäuren obliegt nicht nur die Steuerung des Stoffwechsels, sondern die Koordination des Gewebeaufbaus, die Ausbildung der Form und die Ausprägung der angeborenen Verhaltensweisen. Sie geben diese bei der Zellteilung (Mitose) an die nächste Generation (Tochterzellen) weiter. Wird eines dieser Moleküle verändert, so verliert es in vielen Fällen die Fähigkeit, den Aufbau eines Enzyms zu veranlassen. Damit ist die geschädigte Zelle z.B. nicht mehr in der Lage, einen bestimmen Farbstoff zu synthetisieren oder aber ein in die Zelle eingedrungenes Molekül abzubauen. Wir sprechen in diesem Falle von „somatischen" Schäden. Sie betreffen alle Nachkommen der mutierten Zelle. Dagegen werden somatische Schäden nicht an die Tochtergenerationen weitergegeben.

Von Katastrophen und von Atomwaffentests abgesehen, sind die natürlichen Ökosysteme keinen Strahlendosen ausgesetzt, die eine akute Strahlenschädigung von Organismen hervorrufen könnten. Dagegen können offenbar Langzeitschäden auftreten.

## 5.5.2 Somatische Strahlenschäden

Oft wird die Ansicht vertreten, daß es einer Mindestdosis bedarf, um einen bestrahlten Organismus zu schädigen. Dies gilt in der Tat für akute Strahlenschäden, nicht jedoch für Spätschäden bzw. Langzeitfolgen nach Einwirkung einer schwachen Dosis.

Geht man davon aus, daß dem Primärschaden der bestrahlten Zelle der „Treffer" eines Partikels oder die Adsorption eines energiereichen Quants zugrunde liegt, so müßte sich die Wahrscheinlichkeit eines Folgeschadens voraussagen lassen. Rein statistisch sollte der gleiche Effekt auftreten, wenn man 1.000 Menschen mit je 50 rem bestrahlt oder wenn 1 Million Menschen je 50 mrem erhalten. In beiden Gruppen sollten beispielsweise gleich viele strahlenbedingte Krebs-Erkrankungen ausgelöst werden. Dieser Überlegung liegt die Angabe der integralen Strahlendosis in man-rem, aber auch die Annahme eines linearen Dosis-Wirkungs-Zusammenhangs zugrunde.

Sicherlich reagieren die verschiedenen Organismen unterschiedlich empfindlich auf eine erhöhte Strahlenbelastung. Bei Versuchstieren oder -pflanzen zeigt dies ein Vergleich derjenigen Dosis, die zum Absterben von 50 % der bestrahlten Individuen führt. Um diese sog. $LD_{50}$-Werte zu bestimmen, sind an Tieren und Pflanzen zahlreiche Versuchsreihen durchgeführt worden. Alle diese Experimente sprechen dafür, daß der Zellkern als der sensibelste Teilbereich der Zelle betrachtet werden muß. Offenbar gilt die Regel, daß Organismen mit sehr großen Zellkernen besonders empfindlich reagieren [21]. Unter den einheimischen Pflanzen sind dies vor allem die Nadelbäume [121, 160]; noch größere Kerne (> 1.000 µm³) besitzen zwei Arten der Gattung *Tradescantia* [181]. Sie zeigen bereits bei Dosisraten von 12.000 µrem/h eine signifikant erhöhte Rate an somatischen Mutationen [77], die sich in einer veränderten Farbstoffsynthese der Staubfadenhaare erkennen und quantitativ auswerten lassen. Offenbar wird die Mutationsrate durch Dosen zwischen 4 und 15 rem, bei einem besonders empfindlichen Klon schon durch 1 rem verdoppelt [158]. Anomalien wurden auch schon bei 400 µrem/h beobachtet [132]. Japanische Forscher haben gezeigt, daß die Mutationsrate dieser Pflanze in der Abwindrichtung von Kernkraftwerken erhöht ist [78]; vergleichbare Daten liegen auch aus der Umgebung des deutschen KKW Unterweser (Esensham) vor.

Wie empfindlich der Mensch auf eine Strahlenbelastung reagiert, erläutert die Gegenüberstellung der Abb. 25. Dabei liegen den für den Menschen angenommenen Zahlen die Auswertungen der tödlichen Strahlenschäden zugrunde, die durch die Atombomben-Abwürfe auf die zwei japanischen Städte Hiroshima und Nagasaki verursacht wurden. Diese Daten sind jedoch

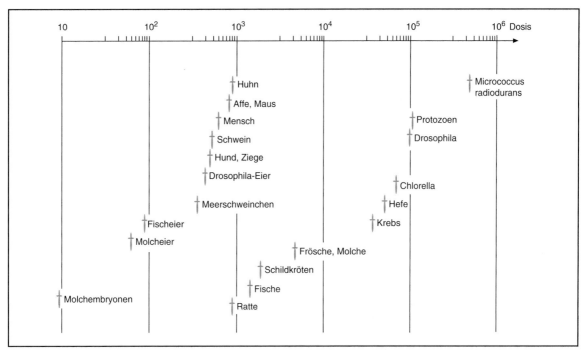

Abb. 25: $LD_{50}$-Werte verschiedener Organismen (nach [168], verändert).

heftig umstritten, da die Sterberate der durch diese Katastrophe betroffenen Bevölkerung durch viele andere Faktoren – z.B. den Nahrungsmangel, die Verunreinigungen des Wassers – ungewöhnlich hoch war. Das aber würde bedeuten, daß die Strahlenempfindlichkeit des Menschen höher ist als in Abb. 25 angegeben [6].

Schon eine kurze Betrachtung der durch eine Röntgenaufnahme gegebenen Belastung läßt erkennen, daß für einen Strahlenschaden nicht allein die Gesamtdosis (in rem) eine Rolle spielen kann. Vielmehr muß auch die Zeitdauer der Belastung berücksichtigt werden. So erhält ein Patient bei einer Röntgenaufnahme seiner Lunge während eines Belichtungszeitraums von nur 0,003–0,01 Sekunden eine Dosis von ~ 100 µrem. Rein rechnerisch entspräche dies einer kurzzeitigen Dosisrate von 36 Millionen µrem/h. Auf der anderen Seite ist es eine zwar viel diskutierte, aber noch immer offene Frage, ob bzw. inwieweit eine langdauernde Bestrahlung mit sehr geringer Dosis stärker wirkt als eine kurzzeitige Belastung durch eine hohe Intensität.

In diesem Zusammenhang sind Modell-Experimente eines kanadischen Physikers von Bedeutung: Diese zeigen, daß sich künstlich hergestellte Lipid-Membranen durch eine Dosis von 0,7 rem zerstören lassen, sofern diese einer Dosisrate von 1 mrem/min (~ 60.000 µrem/h) ausgesetzt werden. Wählt man statt dessen eine Dosisrate von 26 rem/min (1,56 Millionen µrem/h), so zerbricht die Membran erst nach Absorption einer Dosis von 3.500 rem; mit anderen Worten: Sie benötigt dann eine um den Faktor 5.000 erhöhte Energiemenge [138]. Dieses nach seinem Entdecker als „Petkau-Effekt" bezeichnete Phänomen läßt befürchten, daß eine nur schwach erhöhte Strahlung bei jahrelanger Exposition sehr viel stärker wirkt als bisher angenommen.

Viele Beobachtungen sprechen dafür, daß dieser Effekt nicht auf Modellmembranen beschränkt ist. Eine zunehmende Strahlenwirkung bei abnehmender Dosisleistung wurde auch an Erythrozyten sowie an Knochenmarkszellen beobachtet. Ganz entsprechend reagieren auch verschiedene Versuchstiere. So führte inhalierter Urandioxid-Staub bei Hunden zu einer hohen Lungenkrebs-Rate. Dabei lag zwischen 6.000 und 60.000 µrem/h die Verdoppelungsdosis bei 1,2–7,5 rem, während von anderen Atoren bei intensiverer Bestrahlung eine durchschnittliche Verdoppelungsdosis von 50–100 rem errechnet wurde.

Ein besonders intensiv studiertes Versuchstier ist die Fruchtfliege (*Drosophila*). An diesem Objekt ließ sich schon 1927 nachweisen, daß Strahlen mutagen wirken. Überdies ließ sich zeigen, daß die Zellschädigung auf verschiedene Art verursacht werden kann: Wird in die Kette einer Nukleinsäure z. B. statt eines normalen Kohlenstoffatoms ein Atom des radioaktiven Kohlenstoff-14 eingebaut, so kann dieses noch während der Lebenszeit der Zelle zerfallen. Unter Abgabe eines Elektrons (β-Strahlung) wird ein Neutron in ein Proton umgewandelt (siehe oben). Dadurch entsteht aus dem Kohlenstoff das aufgrund einer größeren Protonenzahl „höhere" Nachbarelement Stickstoff-14. Durch diese sog. „Transmutation" ist ein wichtiges Bauelement der Nukleinsäure verändert; es ist eine „Punktmutation" entstanden. Unter dem Mikroskop ist ein solcher Schaden nicht zu erkennen; er ist allein an den Folgen auszumachen. In anderen Fällen verursacht die Strahlung ein Auseinanderbrechen einzelner Chromosomen („Chromosomenmutation"). Derartige

Brüche sind in der frühesten Phase der Zellteilung (frühe Prophase) besonders oft zu beobachten [181]. Ganz allgemein gilt, daß Störungen im normalen Teilungsablauf bei einzelligen Algen bereits bei 300 μrem/h auftreten. Nach einer solchen Veränderung, die sich im mikroskopischen Bild zu erkennen gibt, gehen abgespaltene Chromosomenstücke häufig verloren. Die Bruchstücke können sich aber auch mit einem anderen Chromosom verbinden, so daß die Zelle keine Gene verliert. Dennoch kann das Zusammenwirken der genetischen Information so stark beeinträchtigt sein, daß es zu schweren Behinderungen des Individuums kommt.

Geschädigte, aber dennoch teilungsfähig gebliebene Körperzellen können den Strahlenschaden an ihre Tochterzellen weitergeben. Beteiligen diese sich am Aufbau von Geweben, so kommen Fehlleistungen zustande, die sich oft in mehr oder weniger schweren Mißbildungen zu erkennen geben. Ähnlich wie beim Krebs existiert auch bei der teratogenen Wirkung ionisierender Strahlung kein Schwellenwert. Bei einigen Pflanzen treten Anomalien bereits bei Äquivalentdosisraten von 400 μrem/h auf [132]. Bei Mäusen erwies sich die Zahl von Skelett-Mißbildungen bereits bei 5 rem als signifikant erhöht [82]. Dabei war die Häufigkeit von Mißbildungen – ebenso wie die von Totgeburten – dann am höchsten, wenn die Bestrahlung den Embryo im Stadium der Organanlagen trifft.

Ein sehr reiches Beobachtungsmaterial liegt von jenen Orten vor, an denen Organismen ständig ungewöhnlich hohen Ortsdosisraten ausgesetzt sind. Dabei hat sich gezeigt, daß die Strahlung in Gebieten mit oberflächennahen Uran- und/oder Thoriumschichten eine Reihe von Mutationen bewirkt. Wird diese Belastung erhöht, so muß die Zahl der mutierten Individuen ansteigen. Bei besonders empfindlichen Pflanzen können dadurch somatische Mutationen induziert werden. So steigert bereits eine Strahlungsleistung von nur 50 μrem/h – die für den Menschen als unbedenklich angesehen wird (siehe oben) – bei der bekannten Ampelpflanze *Tradescantia paludosa* die Mutationshäufigkeit signifikant; eine Äquivalentdosisleistung von 250 μrem/h – d.h. ein Zehntel dessen, was in kerntechnischen Anlagen beschäftigten Personen zugemutet werden darf – erhöht die Mutationsrate dieser Blütenpflanze um den Faktor 9. Auch der menschliche Organismus kann schon durch die Umgebungsstrahlung beeinträchtigt sein; so wurde bei etlichen in Bad Gastein lebenden Personen eine erhöhte Zahl von Chromosomenbrüchen beschrieben, die mit großer Wahrscheinlichkeit auf den hohen Radiumgehalt des dortigen Wassers zurückgeführt werden müssen.

Die hohe Radioaktivität einiger Böden der russischen Taiga führt bei etlichen Organismen – Tieren wie Pflanzen [96] – zu ernsten Schäden bis hin zum Absterben. Von Standorten mit einem sehr hohen Anteil an Radionukliden sind einzelne Tiere, z. B. die Regenwürmer, verschwunden. Ähnliche Beobachtungen wurden auch von nord- und südamerikanischen Böden, vor allem in der Nähe uranhaltiger Abraumhalden, mitgeteilt. Sowohl bei Wühlmäusen als auch bei einer auf hochradioaktiven Böden Brasiliens lebenden Skorpion-Art (*Tithyus bahiensis*) ließen sich in den Keimzellen zahlreiche Chromosomenbrüche nachweisen.

### 5.5.2.1 Somatische Frühschäden

Beim Menschen hat vor allem die Schädigung der Haarzwiebel als somatische Frühreaktion zu gelten. Bereits eine halbe Stunde nach Belastung durch einige Hundert rem – wie dies mehrfach bei schweren Reaktor-Störfällen (z. B. in Tschernobyl) aufgetreten ist – erlischt das Wachstum der Keimzone; wenige Tage später fallen die Haare aus.

### 5.5.2.2 Lebenszeitverkürzung

Eine somatische Schädigung gibt sich oft durch eine Verkürzung der Lebenszeit zu erkennen. Dieser Effekt ist, vor allem bei Tierversuchen, besonders leicht quantitativ auszuwerten. Dabei darf eine verringerte Lebenserwartung beim Menschen als integraler Effekt verschiedener, im einzelnen oft nicht charakterisierbarer Schäden gelten. Eine akute Bestrahlung mit $\geq 500$ rem führt zu empfindlichen Störungen der Blutbildung und des Immunsystems. Dadurch wird die Anfälligkeit gegenüber pathogenen Keimen erhöht und die Leistungsfähigkeit allgemein vermindert. In anderen Fällen beobachtete man verfrüht eintretende Alterserscheinungen, z. B. eine verringerte Regenerationsfähigkeit verletzter Gewebe, die eine verschlechterte Wundheilung zur Folge haben kann [180]. Die Tatsache, daß die Kurve der Korrelation zwischen Strahlendosis und Lebensverkürzung durch den Nullpunkt des Koordinatensystems läuft, spricht für das Fehlen eines Schwellenwertes.

### 5.5.2.3 Krebs

Eine besonders bedeutsame und entsprechend intensiv untersuchte Spätfolge erhöhter Strahlenbelastung ist der Krebs [41, 109, 181]. Wenn auch die Krebsentstehung noch umstritten ist, so gehört doch die Mutationstheorie zu den am häufigsten diskutierten Hypothesen. Ihre Anhänger nehmen eine somatische Mutation an. Eines ihrer wichtigsten Indizien ist die auffallende Parallelität zwischen der mutagenen Wirkung von chemischen Kanzerogenen und der krebsauslösenden Wirkung von Strahlen. Die wiederholt beobachtete lineare Dosis-Wirkungs-Beziehung (siehe Abb. 26) läßt sich zwanglos als Ausdruck eines Ein-Treffer-Vorgangs interpretieren. Da jede energiereiche Strahlung – auch die natürliche – eine solche Umwandlung verursachen kann, darf rein theoretisch kein Schwellenwert existieren. Demnach sollte ein Teil der

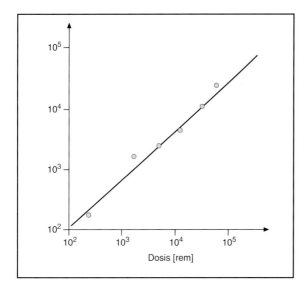

*Abb. 26: Dosis-Wirkungs-Kurve für die Auslösung einer Krebsgeschwulst.*

spontanen Krebsfälle auf die natürliche Umgebungsstrahlung (Höhenstrahlung wie terrestrische Strahlung) zurückzuführen sein. Die auslösenden Faktoren führen dazu, daß sich die strahlengeschädigten Zellen der Regulation des Gesamtorganismus entziehen, vor allem viel mehr Mitosen durchführen als ihre Nachbarzellen. Damit entstehen – zumeist unregelmäßig geformte – Zellhaufen, sog. Tumoren.

Zahlreiche Daten belegen, daß ionisierende Strahlen die Krebshäufigkeit erhöhen. Dies hat sich sehr deutlich bei Arbeitern in kerntechnischen Anlagen gezeigt. Die umfassendsten Berechnungen basieren auf den Aufzeichnungen über die Strahlenbelastung von mehr als 5.200 zwischen 1944 und 1975 verstorbenen Arbeitern (4.694 Männer und 575 Frauen) in einer plutoniumverarbeitenden Atomwaffen-Fabrik in Hanford (US-Bundesstaat Washington) [86]. Bei 743 Männern wurden Tumoren als Todesursache angegeben; unter diesen Krebsfällen ließen sich (statt einer statistisch zu erwartenden Zahl von 4,8) 35 auf die Strahlenbelastung zurückführen. Aus diesen Analysen ergab sich eine mittlere Verdopplungsdosis – d. h. eine Steigerung der Krebsrate um 100 % – von 33,7 rem. Das bedeutet ein um den Faktor 7,3 erhöhtes Krebsrisiko gegenüber der Normalbevölkerung des gleichen Bundesstaates. Diese Studie zeigte überdies, daß die krebsauslösende Wirkung ionisierender Strahlung im Alter zwischen 25 und 45 Jahren am geringsten ist. Auf der anderen Seite reagieren Kinder etwa 3mal, intrauterin bestrahlte Embryonen sogar 10mal empfindlicher als Erwachsene.

Tumoren treten erst nach Ablauf einer Latenzperiode in Erscheinung. Bis heute liegen zahlreiche Daten über die Krebsauslösung durch niedrige Dosen und/oder Dosisleistungen vor. Von allen Krebsformen hat die Leukämie mit 5–10 Jahren die kürzeste Latenzzeit. Daher trat auch in Hiroshima und Nagasaki zunächst nur die Leukämie in Erscheinung; erst mit einer Verzögerung von 20–40 Jahren folgten andere Krebsformen, so das Mamma- und das Schilddrüsen-Karzinom. Da man sich anfänglich lediglich an den zusätzlichen Leukämiefällen orientiert hatte, wurde die kanzerogene Wirkung der Strahlung erheblich unterschätzt. Nach neueren Berechnungen entfallen auf einen Fall von Leukämie rund 30 andere Krebsfälle. Die Zahl der Spätschäden ist daher 20–30mal höher als die Zahl der zunächst registrierten Leukämiefälle.

Etliche Autoren haben versucht, die Höhe des strahlenbedingten Krebsrisikos abzuschätzen. Gelegentlich wird mit einer 2%igen Zunahme pro rem gerechnet. Insgesamt schwanken die Angaben von 30–165 [53] bis zu 200–400 pro 1 Million man-rem. Gelegentlich wurden sogar 4.000 Krebsfälle pro 1 Millionen man-rem angenommen. Bei einer chronischen Strahlenexposition der Bevölkerung durch 200 mrem/a würde man in der Bundesrepublik (rund 60 Millionen Einwohner) mit jährlich 350–5.000 zusätzlichen Krebsfällen zu rechnen haben. Besondere Beachtung verdienen die „hot spots" (siehe oben); durch 10.000 in den Atemwegen abgelagerte plutoniumhaltige Partikel dürfte jeweils eine zusätzliche Lungenkrebs-Erkrankung ausgelöst werden.

Bei der Beurteilung somatischer Strahlenschäden dürfen synergistische Wirkungen nicht außer Betracht bleiben. Gut belegt ist ein solcher Effekt für das Zusammenwirken von Strahlenbelastung durch Inhalation von Radon und Zigarettenrauchen. Unter den Bergleuten in Uranminen haben Raucher ein erheblich höheres Krebsrisiko zu befürchten als Nichtraucher [111]. Auch mit konventionellen Schadstoffen besteht eine synergistische Wirkung. Dies ist vor allem in den Ballungsräumen mit ihrer starken Luftverschmutzung (Smog) zu beachten.

### 5.5.3 Genetische Strahlenschäden

Besonders kritisch ist die Strahlenschädigung einer Keimzelle. Ei- und Samenzellen sind mehr als 100mal empfindlicher als Körperzellen. Sofern eine mutierte Keimzelle überhaupt zur Befruchtung befähigt ist, entsteht aus der Verschmelzung mit einer normalen Keimzelle eine Körperzelle mit dem doppelten Chromosomensatz. Im Falle einer Mutation bedeutet dies: Es resultiert eine Zelle mit zwei unterschiedlichen Informationen; der Biologe bezeichnet dieses Verschmelzungsprodukt dann als „heterozygot". Dabei dominiert in der Regel das unveränderte Gen; die Mutation ist „rezessiv". Nur in wenigen Fällen setzt sich die veränderte Information durch; die Mutation ist „dominant". Eine rezessive erbliche Veränderung wird erst erkannt, wenn es in einer späteren Generation zur Verschmelzung zweier am gleichen Gen mutierter Zellen kommt. In diesem Falle ist die entstehende Körperzelle „homozygot".

„Harmlose", d.h. voll lebensfähige Mutanten treten in der Natur in großer Zahl auf: So beobachtet man z.B. immer wieder Farbabweichungen von Blüten oder eine veränderte Blattform (Übergang gezähnter in ganzrandige Blätter); in anderen Fällen verurteilt eine Mutation aber den Organismus zum raschen Absterben („Letalmutation"). Beim Menschen ist ein mutiertes Individuum oft zwar lebensfähig, aber doch – z.B. in seinen Stoffwechselleistungen – ernsthaft geschädigt; es liegt eine „Erbkrankheit" vor. Für den Menschen sind bis heute mehr als 2.000 verschiedene Erbkrankheiten bekannt.

Viele Mutationen entgehen der Aufmerksamkeit, da die Ausbildung etlicher sichtbarer Merkmale von mehreren kooperierenden Genen bestimmt wird. Wir müssen davon ausgehen, daß schon die natürliche Strahlendosis eine gewisse Anzahl von Mutationen bewirkt (siehe oben). Wird die ionisierende Wirkung erhöht, so muß die Zahl der mutierten Individuen ansteigen. Dies ist z.B. für diejenigen Standorte zu erwarten, an denen durch eine ungewöhnlich hohe Konzentration natürlich vorkommender RN eine deutlich erhöhte Strahlung auftritt.

Offensichtlich ist auch der menschliche Organismus so empfindlich, daß in Gebieten mit hoher natürlicher Strahlung eine größere Zahl an Erbschäden auftritt. In etlichen Fällen hat sich auf uran- und/oder thoriumreichen Standorten eine erhöhte Rate von Chromosomenbrüchen nachweisen lassen; dies gilt z.B. für die radioaktiv stark belasteten Regionen Brasiliens [180]. Untersuchungen in Kerala haben gezeigt, daß dort die Zahl der Fehl- und Mißgeburten signifikant höher ist als in den Nachbarstaaten [180]. Trotz einer um den Faktor 4 bis 5 erhöhten Säuglingssterblichkeit – die als „natürliche Auslese" wirkt – erwies sich dort die Zahl mongoloider Kinder als mindestens vervierfacht. Auch im US-Bundesstaat New York ist die Zahl mißgebildeter Kinder auf radioaktiv kontaminierten Böden deutlich erhöht [61].

Alle bis heute zusammengetragenen Daten zeigen, daß es keinen Schwellenwert gibt, unterhalb dessen kein Strahlenrisiko existiert. Pflanzen und Tiere haben seit Jahrmillionen keine andere Wahl, als die natürliche Radioaktivität ihres jeweiligen Aufenthaltsortes als ökologischen Standortfaktor hinzunehmen. Der Mensch sollte alles in seiner Macht stehende tun, die unabweisbare natürliche Strahlenbelastung seiner Umwelt nicht noch durch vermeidbare künstliche Radioaktivität zu vermehren.

## 5.6 Überlegungen zum Strahlenschutz

Es ist die Aufgabe des Strahlenschutzes, die Belastung des Menschen durch ionisierende Strahlen so gering wie nur möglich zu halten. In der Praxis läuft er jedoch stets auf einen Kompromiß zwischen dem technisch Möglichen und dem finanziell Vertretbaren hinaus. In der Bundesrepublik gilt für beruflich strahlenexponierte Personen (bezogen auf eine Ganzkörperbestrahlung) ein Grenzwert von 5 rem/a. Es ist jedoch ein Fehler, der Beurteilung möglicher Schadwirkungen die Strahlenempfindlichkeit eines gesunden Erwachsenen mittleren Alters zugrunde zu legen. Wie bei anderen gesundheitsgefährdenden Einwirkungen auch, reagieren Kinder ebenso wie ältere Menschen empfindlicher als ein „Standardmensch". Für eben diesen „Normalbürger" sollte die Dosis von 5 rem während eines Zeitraums von 30 Jahren nicht überschritten werden. Damit errechnet sich eine „zulässige" mittlere Jahresbelastung von maximal ~ 165 mrem. Da es für strahlenbedingte Zellschäden indessen keinen Schwellenwert gibt, bedeutet dies, daß der Bevölkerung ein gesundheitliches „Restrisiko" zugemutet werden muß.

Besonders strahlenempfindlich reagieren Zellen während der Kernteilung [22]. Da die Häufigkeit der Mitosen mit zunehmendem Lebensalter sinkt, ist die erhöhte Empfindlichkeit junger Gewebe verständlich. Eine entsprechend hohe Gefährdung besteht auch für den ungeborenen menschlichen Embryo, der im Mutterleib einer erhöhten Strahlendosis ausgesetzt wird. Bei einzelligen Algen lassen sich Störungen des normalen Mitoseverlaufs bereits bei einer Äquivalentdosisrate von 300 µrem/h nachweisen. Amphibienlarven werden durch eine Dosis von nur 5 rem abgetötet [136]. Beim Menschen hingegen wird der Magen-Darm-Trakt erst bei 1.000 rem durch Abtöten der Epithelzellen geschädigt. Als besonders strahlenresistent gilt das Zentralnervensystem mit seinen nicht mehr teilungsaktiven Zellen; beim Menschen wird es erst durch Dosen von ~ 10.000 rem zerstört.

Die Gefährdung der menschlichen Gesundheit durch mit der Nahrung aufgenommene Radionuklide läßt sich nur dann zuverlässig abschätzen, wenn man die höchst inhomogene Verteilung der einzelnen RN auf die verschiedenen Organe und Gewebe berücksichtigt. Aus zahlreichen Untersuchungen ist bekannt, daß diejenigen Elemente, die in ihrem chemischen Verhalten dem Erdalkalimetall Calcium ähneln, bevorzugt in die Knochensubstanz eingebaut werden (siehe Abschnitt 5.4.4.1). Auf der anderen Seite verhalten sich die einwertigen Kationen des Caesiums ähnlich wie die des Alkalimetalls Kalium. Wie dieses konzentrieren sie sich in der Muskulatur. Abweichend von diesen Elementgruppen wird das Iod in der Schilddrüse akkumuliert. Radium, Polonium und die Seltenen Erden belasten die Niere, die Transurane – ebenso wie das Radium – die Leber [53]. Besonders kritisch sind die partikelgebundenen Edelgase, unter ihnen vor allem das Radon. Bereits bei einer Aktivitätskonzentration von 3.000–4.000 Bq/m³ Raumluft wird das Bronchialepithel der oberen Atemwege mit 85 mrem/a belastet [53]. Noch gefährlicher ist die harte Strahlung einiger Folgeprodukte, die als „hot spots" abgelagert werden können (siehe oben). Dies betrifft vor allem Asthmatiker und starke Raucher, bei denen die Funktion des Flimmerepithels eingeschränkt ist.

# Literatur

[1] Aarkog, A.: Environmental behavior of plutonium accidentally released at Thule, Greenland. Health Phys. 312, 271–284 (1977).

[2] Aarkrog, A: Environmental studies on radiological sensitivity and variability with special emphasis on the fallout nuclides $^{90}$Sr and $^{137}$Cs. Risa National Laboratory, Roskilde/Denmark 1979.

[3] Adey, R.: Hypothetical biophysical mechanisms for the action of weak low frequency electromagnetic fields at the cellular level, Radiation Protection Dosimetry 72, 271–278 (1997).

[4] Adey, W. R.: Physiological signalling across cell membranes and cooperative influences of extremely low frequency electromagnetic fields. In: Biological Coherence and Response to External Stimuli. Springer Verlag, Berlin, Heidelberg, New York 1988.

[5] Ahlbom, A. et al.: New York State Power Lines Project Scientific Panel Final Report, New York 1987.

[6] Arakawa, E. T.: Radiation dosimetry in Hiroshima and Nagasaki atomic bomb survivors. New England J. Med. 263, 488–493 (1960).

[7] Arndt, J. et al.: Emissionen von Kohlenstoff-14 und Tritium mit Abwasser aus Kernkraftwerken in der Bundesrepublik Deutschland. STH-Ber. 12/80, 97–100 (1980).

[8] Barry, P. J., A. C. Chamberlain: Deposition of iodine onto plant leaves from air. Health Phys, 9, 1149–1157 (1963).

[9] Becker, R. O., G. Seldon: Heilkraft und Gefahren der Elektrizität. Scherz Verlag, München 1993.

[10] Belot, Y. et al.: Prediction of the flux of tritiated water from air to plant leaves. Health Phys. 37, 575–583 (1979).

[11] Benes, J.: Radioaktive Kontamination der Biosphäre. VEB Gustav Fischer Verlag, Jena 1981.

[12] Berg, H.: Elektrostimulation in der Zellbiologie – „Feldfenster" und ihre Bedeutung für Umweltfelder, Sitzungsber. Sächs. Akad. Wiss. 126, Heft 4, 1–37, S. Hirzel Verlag, Stuttgart, Leipzig 1997.

[13] Berg, H.: Possibilities and problems of low frequency electromagnetic fields in cell biology. Bioelectrochem. Bioenerg. 38, 153–159 (1995).

[14] Bernhardt, J. H., M. Dahme, F. K. Rothe: Gefährdung von Personen durch elektromagnetische Felder. STH-Ber. 2, 1–38 (1983).

[15] Bernhardt, J. H.: The establishment of frequency limits of electric and magnetic fields and evaluation of indirect effects. Radiation Environm. Biophys. 27, 1–17 (1988).

[16] Biddulph, O., F. S. Nakayama, R. Cory: Transpiration stream and ascension of calcium. Plant Physiol. 36, 429–436 (1961).

[17] Björn, L. O.: Photobiologie. Gustav Fischer Verlag, Stuttgart 1975.

[18] Bogen, D. C., G. A. Welford: „Fallout tritium" distribution in the environment. Health Phys. 30, 203–208 (1976).

[19] Bonka, H.: Production and emission of tritium from nuclear facilities, and the resulting problems. IAEA-SM-232/12, 105–123 (1979).

[20] Bonka, H.: Strahlenexposition durch radioaktive Emissionen aus kerntechnischen Anlagen im Normalbetrieb. Verlag TÜV Rheinland, Bad Honnef 1982.

[21] Bors, J., I. Fendrick: Wirkung ionisierender Strahlen auf Weißkohl, Winterraps und Ackerbohne unter Freilandbedingungen. Z. Pflanzenkrankh. u. Pflanzenschutz 90, 571–584 (1983).

[22] Bostrack, J. M., A. H. Sparrow: The radiosensitivity of gymnosperms II. On the nature of radiation injury and cause of death. Rad. Bot. 10, 131–143 (1970).

[23] Bretschneider, J.: Die lokale und globale Strahlenexposition der Bevölkerung durch die Emission von Kohlenstoff-14. STH-Ber. 12/80, 137–131 (1980).

# 130 Literatur

[24] Brodeur, P.: Annals of radiation, Part I: Powerlines. The New Yorker, June 12, 1989.
[25] Brodeur, P.: Annals of radiation, Part II: Something is happening. The New Yorker, June 19, 1989.
[26] Brodeur, O.: Annals of radiation, Part III: Video-display terminal. The New Yorker, June 26, 1989.
[27] Brown, R. C.: Tritium contamination from fallout. Health Phys. 28, 469–470 (1975).
[28] Bryant, P. M. et al.: Risk of local and global public health effects from the purge of krypton-85 at Three Mile Island in 1980. Health Phys. 43, 598–601 (1982).
[29] Bulter, J. D.: Air pollution chemistry. Academic Press, New York 1979.
[30] Bundesamt für Strahlenschutz (Herausg.): Schutz von Personen vor gesundheitlichen Risiken von Radio- und Mikrowellen. Salzgitter 1990.
[31] Bundesminister des Innern: Umweltradioaktivität und Strahlenbelastung. Jahresbericht 1979, Bonn 1980.
[32] Bundesminister des Innern: Umweltradioaktivität und Strahlenbelastung. Jahresbericht 1980, Bonn 1981.
[33] Bundesminister des Innern: Stellungnahme der Strahlenschutzkommission zum Vergleich der Strahlenexposition radioaktiver Stoffe aus Kohlekraftwerken und aus Kernkraftwerken. Bonn 1981.
[34] Bundesminister des Innern: Bericht der Bundesregierung an den Deutschen Bundestag über Umweltradioaktivität und Strahlenbelastung in den Jahren 1981 und 1982. Bonn 1983.
[35] Bundesminister für Umwelt, Naturschutz und Reaktorsicherheit (Herausg.): Bericht der Bundesregierung an den Deutschen Bundestag über Umweltradioaktivität und Strahlenbelastung in den Jahren 1983/84/86. Bonn 1987.
[36] Bundesminister für Umwelt, Naturschutz und Reaktorsicherheit (Herausg.): Umweltradioaktivität und Strahlenbelastung. Jahresbericht 1985.
[37] Bundesminister für Umwelt, Naturschutz und Reaktorsicherheit (Herausg.): Auswirkungen des Reaktorunfalls in Tschernobyl in der BRD. Gustav Fischer Verlag, Stuttgart, New York 1986.
[38] Bunzl, K., W. Kracke: $^{238}$Pu, $^{239+240}$Pu, $^{241}$Pu und $^{137}$Cs in Lebensmitteln aus der Umgebung eines Kernkraftwerks und anderen Teilen der Bundesrepublik Deutschland. Arch. Lebensmittelhygiene 34, 113–116 (1983).
[39] Buyanov, N. I.: Concentrations of $^{90}$Sr and $^{137}$Cs in region of discharge of warm water from the Kola Atomic Power Station. Ekologia 3, 66–70 (1981).
[40] Canadian General Population and Occupational Exposure Limits. Bioelectromagnetic Soc. Letters 80 (1988).
[41] Cantor, K. et al.: Breast cancer mortality among female electric workers in USA. J. Natl. Cancer Inst. 87, 227–228 (1995).
[42] Carsten, A. L.: Tritium in the environment. Adv. Radiation Biol. 8, 419–458 (1979).
[43] Corey, J. C. et al.: The relative importance of uptake and surface adherence in determining the radionuclide contents of subterranean crops. Health Phys. 44, 19–28 (1983).
[44] Creasey, W., R. Goldberg: Electromagnetic field and cancer. Information Ventures Inc., Philadelphia 1988.
[45] Crutzen, P. J.: The influence of nitrogen oxides on the atmospheric ozone content. Q. J. R. Meteorol. Soc. 96, 320–325 (1980).
[46] Dainty, J., Ion transport and electrical potentials in plant cells. Ann. Rev. Plant Physiol. 1, 379–402 (1962).
[47] Davis, W. jr.: Radioactive effluents from nuclear power stations and fuel reprocessing plants in Europe 1972–1976. Nuclear Safety 20, 468–475 (1979).
[48] Dennis, J., J. Stather (eds.): Non-ionizing radiation. Radiation Protection Dosimetry 72, 249–336 (1997).
[49] Deutscher Bundestag (Herausg.): Schutz der Erdatmosphäre: Eine internationale Herausforderung. Bonn 1988.
[50] DIN VDE 0848: Schutz von Personen im Frequenzbereich 10 kHz bis 3000 GHz, Teil 2: Gefährdung durch elektromagnetische Felder. Beuth Verlag, Berlin 1984.
[51] Döhler, G.: Gutachten für die Enquête-Kommission des Deutschen Bundestages „Schutz der Erdatmosphäre". EK-Drucksache 11/16 (1988).
[52] Eberhardt, L. L. et al.: A study of fallout cesium-137 in the Pacific northwest. J. Wildlife Management 33, 103–112 (1969).
[53] Eisenbud, M.: Environmental radioactivity, 2nd edition. Academic Press, New York, London 1973.

[54] Europäische Akademie für Umweltfragen (Herausg.): Ökologie und ihre biologischen Grundlagen. Band 9, Tübingen 1985.
[55] Fairhall, A. W., J. A. Young: Radiocarbon in the environment. Am. Chem. Soc. Adv. Chem. Ser. 93, 401–418 (1970).
[56] Fischer, E., J. A. Schmidt, W. H. Malus, R. Schelenz: Untersuchungen über Caesium-137 und Strontium-90 aus dem Kernwaffenfallout am Beispiel des Tabaks. Z. Lebensm. Unters.-Forsch. 176, 27–31 (1983).
[57] Francechetti, G., D. Gandhi, M. Grandolfo (eds.): Electromagnetic biointeraction (mechanisms, safety standards, protection guides). Plenum Press, New York 1989.
[58] Fricke, W.: Großräumige Verbreitung und Transport von Ozon und Vorläufern. VDI-Ber. 500, 55–62 (1983).
[59] Garland, J. A.: The absorption and evaporation of tritiated water vapor by soil and grassland. Water, Air, and Soil Pollution 13, 317–333 (1980).
[60] Gates, D. M.: Der Energiefluß in der Atmosphäre. Mannheimer Forum 1974/75, 109–139.
[61] Gentry, J. T. et al.: An epidemiological study of congenital malformations in New York State. Am. J. Publ. Health 49, 497–513 (1959).
[62] Gessel, T. F., W. Lowder (eds.): Natural radiation environment. CONF-780422, Washington, D. C. 1980.
[63] Glöbel, B. (Herausg.): Das Strahlenrisiko im Vergleich zu chemischen und biologischen Risiken. Gustav Fischer Verlag, Stuttgart, New York 1981.
[64] Götzberger, A., V. Wittwer: Sonnenenergie. Physikalische Grundlagen und thermische Anwendungen. Teubner Verlag, Stuttgart 1986.
[65] Grattarola, M., A. Chiabrera, R. Viviani, A. Raveane: Elektromagnetic field effects on PMA-induced lymphocyte activation. In: Interaction between electromagnetic fields and cells, pp. 401–421. Plenum Press, New York, 1985.
[66] Halldal, P., A. K. Biswas (eds.): The ozone layer. Pergamon Press, Oxford, New York, Toronto, Sydney, Paris, Frankfurt 1979.
[67] Harenberg, Bodo (Herausg.): Aktuell '98. Harenberg Lexikon Verlag, Dortmund 1997.
[68] Harvard Center for Risk Analyses: Workers EMFs and cancer 3, 1–6 (1995).
[69] Haselwandter, K.: Radioaktives Caesium (Cs-137) in Fruchtkörpern verschiedener Basidiomyceten. Z. Pilzkunde 43, 323–326 (1977).
[70] Haselwandter, K.: Accumulation of the radioactive nuclide $^{137}$Cs in fruitbodies of basidiomycetes. Health Phys. 34, 713–715 (1978)
[71] Hetherington, J. A., D. J. Jefferies, M. B. Lovett; Some investigations into the behaviour of plutonium in the marine environment. Proc. Symp. on impact of nuclear releases into the aquatic environment, pp. 193–218. Otaniemi, Finland 1975.
[72] Hillerbrand, M., J. Martin, H. Müh: Waldschäden und Kernkraftwerke. Atomwirtschaft, Februar 1985, 92–96 (1985).
[73] Höfling, O.: Mehr wissen über Physik. Aulis Verlag Deubner & Co KG, Köln 1970.
[74] Hofmann, D. J. et al.: Balloon-borne observations of the development and vertical structure of the Antarctic ozone hole in 1986. Nature (Lond.) 326, 59–62 (1987).
[75] Hübel, K., W. Lünsmann, M. Ruf: Verteilung in der Atmosphäre und Hydrosphäre. Die Verteilung von Tritium in Donau und Main. STH-Ber. 12/80, 93–96 (1980).
[76] IAEA: Environmental contamination by radioactive materials. Proc. Ser. STI/PUb/226, Vienna 1969.
[77] Ichikawa, S.: Somatic mutation rate in Tradescantia stamen hairs at low radiation levels: Finding of low doubling doses of mutations. Japan. J. Genetics 47, 411–421 (1972).
[78] Ichikawa, S., M. Nagata, S. Oki: Nuclear power plant suspected to increase mutations. New Scientist (London) 1977.
[79] Informationszentrum der Elektrizitätswirtschaft e.V. (IZE). Strombasiswissen 121, 4–8 (1994).
[80] IRPA (ed.): Guidelines on limits on exposure to radiofrequency electromagnetic fields in the frequency range from 100 Hz to 300 GHz. Health Phys. 54, 115–123 (1988).
[81] Israel, H.: Atmosphärische Elektrizität, Teil II. Akad. Verlagsges. Leipzig 1961.
[82] Jacobsen, W. R.: Environmental effects of a tritium gas release from the Savannah River Plant on December 31, 1975. USERDA Rep. DP-1415 Savannah River Laboratory, E. I. Du Pont de Nemours and Co., Aiken 1976.
[83] Joshi, S. R.: Airborne radioactive materials and plants: a review. Sci. of the Total Environm. 24, 101–117 (1982).

[84] Kanapilly, G. M. et al.: Characterization of an aerosol sample from the auxiliary building of the Three Mile Island reactor. Health Phys. 45, 981–989 (1983).

[85] Kantelo, M. V., B. Tiffany, T. J. Anderson: Iodine-129 distribution in the terrestrial environment surrounding a nuclear fuel reprocessing plant after 25 years of operation. IAEA SM-257/53P, 495–500 (1982).

[86] Kaudewitz, F.: Genetik. Verlag Eugen Ulmer, Stuttgart 1983.

[87] Keller, C.: Radioaktivität in der Nordsee. Naturwiss. Rdsch. 37, 97–101 (1984).

[88] Kernforschungszentrum Karlsruhe: Jahresbericht 1980. Karlsruhe 1980.

[89] Koelzer, W.: Kernenergie, 2. Aufl. Gesellschaft für Kernforschung, Karlsruhe 1974.

[90] König, L. A.: Impact on the environment of tritium releases from the Karlsruhe Nuclear Research Center. IAEA-SM-232/2, 591–611 (1979).

[91] König, L. A.: Umweltradioaktivität und Kerntechnik als wichtige Ursachen von Waldschäden? KfK-Nachr. 17, 22–31 (1985).

[92] König, L. A., M. Winter: Umweltbelastung durch Tritium. KfK-Nachr. 3, 33–38 (1974).

[93] König, L. A., H. Winter, H. Schüler: Tritium in Niederschlägen, Oberflächen-, Grund- und Trinkwasser. KfK-Ber. Nr. 2520 (1977).

[94] Koranda, J. J.: Preliminary studies of the persistence of tritium and $^{14}$C in the Pacific Proving Ground. Health Phys. 11, 1445–1457 (1954).

[95] Krejci, K., A. Zeller jr.: Tritium pollution in Swiss luminous compound industry. IAEA-SM-232/11, 65–79 (1979).

[96] Krivolutskii, D. A. et al.: Earthworms as a bioindicator of radioactive contamination of soil. Ecologiya 3, 5–10 (1978).

[97] Kulikov, N. V., I. V. Molchanova: Continental radioecology. Plenum Press, New York, and Nauka Press, Moscow 1982.

[98] Kulikov, N. V., F. A. Tikhomirov: Some theoretical and applied aspects of radioecology. Ekologiya 3, 5–10 (1978).

[99] Kunz, C. O., W. E. Mahoney, T. W. Miller: Carbon-14 gaseous effluents from boiling water reactors. Am. Nuclear Soc. Annual Meeting, New Orleans 1975.

[100] Lambert, B. W.: Cytological damage produced in the mouse testes by triitiated thymidine, tritiated water and X-rays. Health Phys. 17, 547–557 (1969).

[101] Lambert, G.: La radioactivité atmosphérique. La Recherche 15, 938–948 (1984).

[102] Landesanstalt für Arbeitsschutz und Arbeitsmedizin Karlsruhe (Herausg.): Jahresbericht 1969 über die Messung zur Überwachung der Radioaktivität im Überwachungsgebiet des Kernkraftwerkes Obrigheim.

[103] Landesanstalt für Umweltschutz Baden-Württemberg: Radioaktivitätsmessungen zur Umgebungsüberwachung Kernforschungszentrum Karlsruhe, Jahresbericht 1979.

[104] Landesanstalt für Umweltschutz Baden-Württemberg: Radioaktivitätsmessungen zur Umgebungsüberwachung Kernforschungszentrum Karlsruhe. Immissionskonzentrationen Januar 1985.

[105] Langham, W. H., E. C. Anderson: Fallout from nuclear weapons tests. U. S. Government Printing Office, Washington 1959.

[106] Lin, R. S., P. Dischinger, J. Conde, K. P. Farrell: Occupational exposure to electromagnetic fields and the occurrence of brain tumors. An analysis of possible associations. Occup. Med. 27, 413–419 (1985).

[107] Lin, J. C. (ed.): Electromagnetic interaction with biological systems. Plenum Press, New York, 1989.

[108] Linder, H.: Biologie, 16. Aufl. J. B. Metzlersche Verlagsbuchhandl., Stuttgart 1968.

[109] Löscher, W., M. Mevissen: Carcinogenesis. 17, 903–910 (1996).

[110] Loosli, H. H.: Haben künstlich erzeugte Radionuklide wie $^{85}$Kr, $^{14}$C und $^{3}$H mit der Luftionisation, mit dem sauren Regen und dem Waldsterben etwas zu tun? Schweiz. Verein. für Atomenergie, Bulletin 3, 21–32 (1984).

[111] Lundin, F. E. jun. et al.: Mortality of uranium miners in relation to radiation exposure, hardrock mining and cigarette smoking 1950–1967. Health Phys. 16, 571–578 (1996).

[112] Lyle, D. B., R. D. Ayotte, A. R. Sheppard, W. R. Adey: Suppression of t-lymphocyte cytotoxicity following exposure to 60-Hz sinusoidal electric fields. Bioelectromagnetics 9, 303–313 (1988).

[113] Mankin, W. G., M. T. Coffey: Increased stratospheric hydrogen chloride in the El Chicon cloud. Science 226, 170–172 (1984).

[114] Marino, A. (ed.): Modern bioelectricity. Marcel Dekker Inc., New York 1988.

[115] Marino, A. R. Becker: Biological effects of extremely low frequency electric and magnetic fields, a review. Physiol. Chem. Phys. 9, 131–147 (1977).

[116] Markham, O. D., D. K. Halford: Radionuclides in mourning doves near a nuclear facility complex in southern Idaho. Wilson Bull. 94, 185–197 (1982).

[117] Martin, W. E.: Losses of $Sr^{90}$, $Sr^{89}$, and $I^{131}$ from fallout-contaminated plants. Rad. Biol. 4, 275–284 (1964).

[118] Mehedintu, M., H. Berg: Proliferation response of yeast *Saccharomyces cerevisiae* on electromagnetic field parameters. Bioelectrochem. Bioenerg. 43, 67–70 (1997).

[119] Metzner, H.: Biochemie der Pflanzen. Enke Verlag, Stuttgart 1973.

[120] Metzner, H. (Herausg.): Die Zelle. Struktur und Funktion, 3. Aufl., Verlag Naturwiss. Rdsch., Stuttgart 1981.

[121] Metzner, H.: Waldschäden durch kerntechnische Anlagen? Universität Tübingen 1985.

[122] Metzner, H.: Leben unter schwindendem Ozonschild. Fortschr. operat. Dermatol. 5, 1–7 (1989).

[123] Metzner, H.: Solarenergie und Atomstrom. Energiequellen, Umweltbelastung und das $CO_2$-Problem. S. Hirzel Verlag, Stuttgart 1998.

[124] Michaelis, H.: Handbuch der Kernenergie, Band 1 und 2. Deutscher Taschenbuch Verlag, München 1982.

[125] Ministerium für Ernährung, Landwirtschaft, Umwelt und Forsten Baden-Württemberg (Herausg.): Auswirkungen von Tschernobyl, Band I–III, Stuttgart 1987.

[126] Molchanova, I. V., N. V. Bochenia: Mosses as accumulators of radionuclides. Ekologiya 3, 42–47 (1980).

[127] Moss, T. H., D. L. Sills (eds.): The Three Mile Island nuclear accident: Lessions and implications. The New York Acad. of Sciences, New York 1981.

[128] Murphy, C. E. jr. et al.: Environmental tritium transport from atmospheric release of molecular tritium. Health Phys. 33, 325–331 (1977).

[129] Nair, I., M. G. Morgan, H. K. Florig: Biological effects of power frequency electric and magnetic fields. Congress of the US-Office of Technology Assessment Workers, Washington 1980.

[130] Nordenson, I., K. Hansson, U. Ostman, H. Ljungberg: Chromosomal effects in lymphocytes of 400 kV-substation workers. Radiat. Environ. Biophys. 27, 39–47 (1988).

[131] OECD: OECD Environment Data-Compendium. Paris 1997.

[132] Osburn, W. S.: Variation of clones of *Penstemon* growing in natural areas of differing radioactivity. Science 234, 342–343 (1961).

[133] Osburn, W. S.: Primordial radionuclides: Their distribution, movement, and possible effect within terrestrial ecosystems. Health Phys. 11, 1275–1295 (1965).

[134] Oszudski, F. J. P.: Nuklearer Brennstoffzyklus und Umwelt. Atom u. Strom 22, 34–43 (1976).

[135] Pedigo, E. A.: The effects of ionizing radiation on the ecology of Pinus taeda. Bull. Ecol. Soc. Amer. 41, 94 (1960).

[136] Peters, T.: Über die Wirkung von Röntgenstrahlen auf befruchtete Eizellen von *Triton alpestris* unter besonderer Berücksichtigung der Wirkung kleiner Strahlendosen und geringer Schäden. Strahlentherapie 112, 525–542 (1960).

[137] Peterson, H. T. jun., I. E. Martin, C. L. Weavers: Environmental tritium contamination from increased utilization of nuclear energy sources. IAEA Proc. Ser. STT/PUB/226, 35–60 (1969).

[138] Petkau, A.: Effect of Na-22 on a phospholipid membrane. Health Phys. 22, 239–244 (1972).

[139] Pfeifer, M., M. Fischer: Unheil über unseren Köpfen? Quell Verlag, Stuttgart 1989.

[140] Polikarpov, G. G.: Radioecology of aquatic organisms. North-Holland Publ. Co., Amsterdam Reinhold Book Div., New York 1966.

[141] Reichelt, G.: Zur Frage des Zusammenhangs zwischen Waldschäden und dem Betrieb von Atomanlagen – vorläufige Mitteilung. Forstwiss. Centralbl. 103, 290–297 (1984).

[142] Reissig, H.: Das Problem der radioaktiven Verseuchung des Bodens und der Vegetation durch Kernspaltprodukte. Kernenergie 2, 530–541 (1959).

[143] Ritter, W.: Entdeckungen zur Elektrochemie, Bioelektrochemie und Photochemie (Nachdruck). Akad. Verlagges., Leipzig 1986.
[144] Rocznik, K.: Wetter und Klima in Deutschland, 3. Aufl., S. Hirzel Verlag, Stuttgart 1995.
[145] Rohwer, P. S.: Relative radiological importance of environmentally released tritium and krypton-85. IAEA-SM-172/76, 79–90 (1974).
[146] Rose, W.-D.: Elektrostreß. Kösel Verlag, München 1988.
[147] Russel, I. J., C. E. Choquette: Scale factors for foliar contamination by stratospheric sources of fission products in the New England area. ERDA Ser. Conf. Rep. Nr. 740921, pp. 302–341 (1974).
[148] Russel, R. S. (ed.): Radioactivity and human diet. Pergamon Press, Oxford, London 1966.
[149] Savitz, D., C. Anath: Residential magnetic fields, wire codes, and pregnancy outcome. Bioelectromagnetics 15, 271–273 (1994).
[150] Savitz, D., D. Loomis: Magnetic field exposure to leucemia and brain cancer mortality among electric utility workers. Amer. J. Epidemiol. 141, 123–134 (1995).
[151] Savitz, D. et al.: Correlations among indices of electric and magnetic field exposure in electric utility workers. Bioelectromagnetics 15, 193–204 (1994).
[152] Schiager, K. J.: Analysis of radiation exposure on or near uranium mill tailings piles. Radiation Data and Rep., pp. 411–425, July 1974.
[153] Schüttelkopf, H., H. Hermann: $^{14}CO_2$-Emissionen aus der Wiederaufarbeitungsanlage Karlsruhe. Commission of the European Communities, Brussels 1977.
[154] Schulz, E. H.: Vorkommnisse und Strahlenunfälle in kerntechnischen Anlagen. Verlag Karl Thiemig, München 1966.
[155] Schwibach, J., H. Riedel, J. Bretschneider: Untersuchungen über die Emission von Kohlenstoff-14-Verbindungen aus großtechnischen Anlagen. Inst. f. Strahlenhygiene des Bundesgesundheitsamtes. STH-Ber. 20, Berlin 1979.
[156] Seeger, R., O. Schweinshaupt: Vorkommen von Caesium in höheren Pilzen. The Science of the Total Environment 19, 253–276 (1981).

[157] Sehmel, G. A.: A relationship between plutonium activity density or airborne and surface soils. Health Phys. 45, 1045–1050 (1983).
[158] Sharitz, R. et al.: Uptake of radiocaesium from contaminated floodplain sediments by herbaceous plants. Health Phys. 28, 23–28 (1975).
[159] Sisir, K., Millis (eds.): Biological effects of electropollution: Brain tumors and experimental models. Information Venture Inc., Philadelphia 1986.
[160] Sparrow, A. H. et al.: The radiosensitivity of gymnosperms. I. The effect of dormancy on the response of Pinus strobus seedlings to acute gamma rays. Rad. Bot. 3, 169–173 (1963).
[161] Staatliches Materialprüfungsamt Nordrhein-Westfalen, Abt. Kerntechnik: Abwasserdekontamination an Kernkraftwerken. Stand und Aussichten, Düsseldorf 1975.
[162] Strack, S.: Radioökologische Untersuchungen über organisch gebundenes Tritium. KfK-Nachr. 14, 278–284 (1982).
[163] Strack, S.: Behaviour of tritium in the water pool and organic pool of the leaves of a beach tree. Ann. Assoc. Belg. de Radioprotection 7, 213–228 (1982).
[164] Sweet, C. W., C. E. Murphy jr.: Oxidation of molecular tritium by intact cells. Environm. Sci. & Technol. 18, 358–362 (1984).
[165] Szmigielski, S., M. Bielec, S. Lipski, G. Sokolska: Immunologic and cancer-related aspects of exposure to low-level microwave and radio-frequency fields. In A. Marino (ed.): Modern Bioelectricity. Marcel Dekker Inc., New York 1988.
[166] Teufel, D.: Waldsterben, natürliche und kerntechnisch erzeugte Radioaktivität. IFEU-Ber. 25, Heidelberg 1983.
[167] Thomas, T. L. et al.: Brain tumor mortality risk among men with electric and electronics jobs: a case-control study. JNCL 79, 233–238 (1987).
[168] Ueno, S. (ed.): Biomagnetic stimulations. Plenum Press, New York 1994.
[169] Ueno, S.: Biological effects of magnetic and electromagnetic fields. Plenum Press, New York 1996.
[170] United Nations Environment Programme (ed.): The ozone layer. Nairobi 1987.

[171] United Nations Environment Programme (ed.): The greenhouse gases. Nairobi 1987.
[172] VDI (Herausg.): Tschernobyl. Konsequenzen für die Bundesrepublik Deutschland. 2. Aufl., Düsseldorf 1987.
[173] Waldmeier, M.: Sonne und Erde, 3. Aufl., Büchergilde Gutenberg, Zürich 1959.
[174] Watts, J. R., C. E. Murphy jr.: Assessment of potential radiation dose to man from an acute tritium release into a forest ecosystem. Health Phys. 35, 287–291 (1978).
[175] Weaver, J., D. Astumian: The response of living cells to very weak electric fields. Science 247, 459–462 (1990).
[176] Weish, P., E. Gruber: Radioaktivität und Umwelt, 3. Aufl., Gustav Fischer Verlag, Stuttgart, New York 1986.
[177] Weiss, W., J. Bullacher, W. Roether: Evidence of pulsed discharges of tritium from nuclear energy installations in Central European precipitation. IAEA-SM-232/18, 17–29 (1979).
[178] Weiss, W., et al.: Large-scale atmospheric mixing derived from meridional profiles of krypton-85. J. geophys. Res. 88, 8574–8578 (1983).
[179] Wertheimer, N., E. Leeper: Electrical wiring configurations and childhood cancer. Am. J. Epidemiol. 109, 273–284 (1979).
[180] Wertheimer, N., A. Savitz, E. Leeper: Childhood cancer in relation to indicators of magnetic fields from ground current sources. Bioelectromagnetics 16, 96 (1996).
[181] Wilson, B., R. Stevens, L. Anderson (eds.): Extremely low frequency electromagnetic fields: The question of cancer. Battelle Press, Columbus, Ohio 1989.

# Glossar

| | |
|---|---|
| Adsorption | lat.: ad = an; sorbere = saugen;<br>Anlagerung von Molekülen und/oder suspendierten Partikeln an Oberflächen bzw. Phasengrenzen |
| Aerosol | gr.: aer = Luft; lat.: solutus = gelöst;<br>Gasförmiges Kolloid in Form von Rauch oder Nebel |
| akkumulieren | lat.: cumulus = Haufen;<br>anreichern, speichern, sammeln |
| Albedo | lat.: albedo = weiße Farbe;<br>Reflexionsvermögen einer Oberfläche |
| Alveole | lat.: alveolus = kleine Mulde;<br>Lungenbläschen |
| Anomalie | gr.: anomalos = ungewöhnlich, regelwidrig;<br>Abartigkeit, Mißbildung |
| anthropogen | gr.: anthropos = Mensch; genos = Abstammung;<br>Vom Menschen verursacht |
| Autoradiographie | gr.: autos = selbst; lat.: radius = Strahl; gr.: graphe = Bild, Schrift;<br>Schwärzung einer fotografischen Schicht durch die beim Zerfall radioaktiver Isotope entstehende Strahlung |

**C**

| | |
|---|---|
| Cuticula | lat.: cuticula = Häutchen;<br>Nichtzelluläre Deckschicht von Blättern aus wachsartigen Substanzen |

**D**

| | |
|---|---|
| Deposition | lat.: deponere = absetzen, ablegen;<br>Entfernen von Partikeln aus der Atmosphäre oder einer Lösung durch Adsorption an Oberflächen (trockene D.) oder durch Auswaschen mit Regen oder Nebel (nasse D.) |

**E**

| | |
|---|---|
| Emission | lat.: emissio = Abgabe;<br>Abgabe von Stoffen, Geräuschen oder Erschütterungen an die Atmosphäre |

| | |
|---|---|
| Erythrozyt | gr.: erythros = rot; cyto = Höhlung;<br>Rotes Blutkörperchen |

**F**

| | |
|---|---|
| Fallout | engl.: to fall out = herabfallen;<br>Ablagerung künstlicher radioaktiver Verunreinigungen der Luft an der Erdoberfläche |
| Fusion | lat.: fusio = Schmelze;<br>Verschmelzung leichter Atomkerne zu einem schweren Kern |

**H**

| | |
|---|---|
| Halogen | gr.: hals, halos = Salz; genos = Abstammung;<br>Nichtmetallisches Element (Fluor, Chlor, Brom, Iod), das sich mit Metallen zu Salzen verbindet |

**I**

| | |
|---|---|
| Immission | lat.: immissio = das Hineinlassen;<br>Luftverschmutzung durch gasförmige, flüssige oder feste Stoffe |
| Inhalation | lat.: inhalare = anhauchen;<br>Einbringen von Gasen, Dämpfen oder Aerosolen in die Atemwege |

**K**

| | |
|---|---|
| Kontamination | lat.: contaminare = berühren, beflecken;<br>Verschmutzung durch Abgase, radioaktive Stoffe, Industriestaub oder Mikroorganismen |

**L**

| | |
|---|---|
| latent | lat.: latere = verborgen sein;<br>verborgen, unentwickelt |
| Leukämie | gr.: leukos = weiß; haima = Blut;<br>Blutkrebs mit akutem oder chronischem Verlauf (Überproduktion der weißen Blutkörperchen) |

**M**

| | |
|---|---|
| Mitose | gr.: mitos = Faden;<br>Kernteilung mit gleichmäßiger Verteilung der Chromosomen auf die Tochterzellen |

| | |
|---|---|
| Mutation | lat.: mutatio = Änderung;<br>Erbliche Veränderung |

**N**

| | |
|---|---|
| Nekrose | gr.: nekros = tot;<br>Örtliches Absterben von Geweben und Organen |

**O**

| | |
|---|---|
| Ökosystem | gr.: oikos = Haus;<br>Wirkungsgefüge zwischen Lebewesen verschiedener Arten untereinander und innerhalb ihres Lebensraums |

**P**

| | |
|---|---|
| pathogen | gr.: pathos = Leiden; genos = Abstammung;<br>krankmachend |
| Peroxid | lat.: per = über; gr.: oxys = sauer;<br>sauerstoffreiche Verbindung von Metallen oder organischen Stoffen |
| Photolyse | gr.: phos = Licht; lysis = Zerlegung;<br>Zersetzung von Stoffen durch Lichteinwirkung |

**R**

| | |
|---|---|
| Radikal | lat.: radix = Wurzel;<br>Magnetisch wirksames Molekül oder Molekülbruchstück mit einem ungepaarten Elektron |
| Radionuklide | lat.: radius = Strahl; nucleus = Kern;<br>Natürliche oder künstliche Nuklide, die ohne äußere Einwirkung unter Aussendung von Strahlen zerfallen |

**S**

| | |
|---|---|
| Sediment | lat.: sedimentum = Ablagerung;<br>Ablagerung bzw. Niederschlag |
| Stratosphäre | lat.: stratum = ausgebreitet; gr.: sphaira = Kugel;<br>Oberhalb der Troposphäre liegende Schicht der Atmosphäre (ohne vertikale Luftströmung) |

## T

| | |
|---|---|
| Transfer-Faktor | lat.: transferre = übertragen;<br>Konzentrationsrelation eines Elements oder Radionuklids zwischen dem Zellinneren und dem Außenmedium |
| Transmission | lat.: transmissio = Übertragung;<br>Verdünnung oder Verfrachtung von Luftverunreinigungen durch Luftströmungen |
| Tropopause | gr.: tropos = Wendung, Drehung; pausis = das Aufhören;<br>Grenze zwischen Troposphäre und Stratosphäre (in 8–16 km Höhe) |
| Troposphäre | gr.: tropos = Drehung, Wendung; sphaira = Kugel;<br>Wetterwirksamer unterer Teil der Erdatmosphäre (10–12 km hoch) |
| Tumor | lat.: tumor = Geschwulst;<br>Schwellung von Körpergeweben (gut- oder bösartig) |

## Z

| | |
|---|---|
| Zerfallsenergie | Energiebetrag, der beim radioaktiven Zerfall eines Atomkerns freigesetzt wird |

# Sachregister

**A**
Abfälle, radioaktive, Endbecken 93
–, –, Endlagerung 101
–, –, Zwischenlager 93
Abgasfahnen, Ausbreitung 85
Abklärbecken 85
Abraumhalden 73, 76f.
Abwasser, Kontamination durch WAA 93
–, radioaktive Belastung durch Erzbergbau 77
– von WAA 91
Aerosole 84, 89, 105, 110
Aktivität, mittlere, von Kohle 76
Aktivitätskonzentration, Iod 97
Anregungsenergie 28
Äquivalentdosis 69
–, effektive 70
Äquivalentdosisrate 127
Arbeitsplatz, Expositionsgrenzwerte für Strahlung 56
Argon 12, 86f.
Atembeschwerden 48
Atmosphäre 11
–, chemische Zusammensetzung 12
–, $CO_2$-Anteil 12
–, Methangehalt 13
–, Radioaktivität 80
–, Schichtung 13
–, Wanderungsgeschwindigkeit radioaktiver Wolken 80
Atmospherics 44
atomare Explosionen 78

Atombombe 78
Atome, Bau 63ff.
Atommodell nach BOHR 64
Atommüll 101ff.
–, Endlagerung 101
Atomtheorie 19
Atomwaffen 78ff.
Atomwaffentests 37
Auge 25
–, Bildsehen 26
–, Farbensehen 27
–, Lichtsinneszellen 26
–, menschliches, Aufbau 27
–, Richtungssehen 26
–, stammesgeschichtliche Entwicklung 26
–, UV-Einwirkungen 33

**B**
Baustoffe, radioaktive Belastung 77
–, Radioaktivität 75
Beaufschlagungspunkt, maximaler 86
Becquerel 68
Bergbau, radioaktive Belastung 75ff.
Bestrahlung, innere 72
–, Mutationshäufigkeit 122
Biomasse 15, 81, 103
–, Einbau von Caesium 112f.
–, – – Edelgasen 109f.
–, – – Iod 113f.
–, – – Kohlenstoff-14 109

–, – – Strontium 111
–, – – Transuranen 114f.
–, – – Tritium 108f.
Biosphäre 12, 14ff.
–, Aufnahme von Radionukliden 103ff.
Blaualgen 38
Blütenbildung durch Belichtung 25
Boden, radioaktiver, Schädigungen 122
BOHRsches Atommodell 64
Braunkohle, mittlere Aktivität 76
Brennelementfabriken 94
Brustkrebs 59

**C**
Caesium 79ff., 89, 91, 97, 100f., 105, 107, 110, 113
–, Einbau in die Biomasse 112f.
Caesium-Sammler 116
Cellulose 16
Chemiegips 77
Chlor 37
Chlorophyll 15, 24, 28
–, Absorptionsspektrum 23
Chloroplasten 15
Chromosomendefekte 48
Chromosomenmutation 121
Cobalt 115
Computerterminals 60
Containment 94
$CO_2$ s. Kohlendioxid 13
Curie 68

# Sachregister

**D**
Depressionen 48
Desoxyribonukleinsäure,
 Absorptionsspektrum 29
Diathermie 44, 49
Druckwasserreaktoren 90, 96

**E**
Edelgase 65, 81
–, Einbau in die Biomasse 109f.
Eisenbahnanlagen, elektrische 60
Eiweiße 14
electromagnetic pollution 60
– smog 60
elektrische Feldkonstante 42
elektrisches Fenster 51f.
Elektroakupunktur 44
Elektroenzephalogramm 43
Elektrofusion 53
Elektrokardiogramm 43
Elektrolunge 44
elektromagnetische Felder,
 kanzerogene Wirkung 48
– –, Leukämiefälle 48
– Hochspannungsfelder,
 Krebsrisiko 57
elektromagnetischer Smog 50, 54ff.
elektromagnetisches Klima 41
Elektromagnetismus 45
Elektronen 63
Elektronenvolt 42, 66, 69
Elektrophysiologie 45
Elektroschock-Behandlung 44
Elektrosmog 6
Elektrostimulation 51ff.
–, hochfrequente 53
–, –, Gefährlichkeit 53
–, niederfrequente 51f.
Elektrotherapie 44
Elementarteilchen 63

ELF s. extremely low frequencies
Endbecken, radioaktive Abfälle 93
Endlagerung radioaktiver Abfälle
 101
Energietransfer, linearer 67
Entladungen bei Gewitter 45
Eosin 32
Erbkrankheit 126
Erdatmosphäre, chemische
 Zusammensetzung 12
–, Schichtung 13
Erde, Besonderheiten 11ff.
–, Magnetfelder 44
Erdoberfläche, Strahlungsbilanz 22
Erzbergbau 76
Explosionen, atomare 78
Expositionsgrenzwerte 56
extremely low frequencies (ELF) 41

**F**
Fallout 78ff., 85
–, Tschernobyl 116f.
–, zeitlicher Verlauf 79
FCKW 30, 35ff.
Feld, elektrisches 17, 41
–, elektromagnetisches 17
–, magnetisches 17
Feldeffekte, biologische 50ff.
Feldeinwirkungen, Sicherheits-
 grenzen 44
Felder, elektromagnetische,
 kanzerogene Wirkung 48
– –, Leukämiefälle 48
–, künstliche, biologische
 Auswirkungen 46ff.
–, natürliche, äußere 44
Feldkonstante, elektrische 42
Feldlinien 17
Feldstärke 42
–, magnetische 42

Fernsehapparate 57
Fernsehausstrahlungen 49
Fernsehbildschirme 60
Fernsehgeräte 41
Fische, elektrische 43
Flares 44
Fluoreszenz 28
Folgeschaden 119
Frequenz 19, 20, 42
Frühschäden, somatische 123
Funkwellen 42
Fusionsbombe 78

**G**
Gammastrahlen 19
GAU 99
Gauß 42
Geburtsfehler 48
Gedächtnis 49
Gehirnkrebs 59
Gehirnschädigungen durch Radar-
 strahlung 56
Gehirntumore 58
genetische Strahlenschäden 125f.
Gewitterentladungen 45
Gewitter, entstehende Spannungen
 44
Globalstrahlung 21ff.
–, jährliche 23
grauer Star 33
Gray 69
Grenzwert 70, 72
Grundwasser, Radionuklid-
 Belastung 93

**H**
Halbwertszeit, biologische 103
–, Radionuklide 66
Haushalt, Expositionsgrenzwerte
 für Strahlen 56

Haushaltsgeräte, elektrische 47
Haut 30ff.
–, Aufbau der menschlichen 31
–, Kölnisch-Wasser-Dermatitis 32
–, Lichtkrankheiten 32
–, UV-B-Einwirkung 31
Hautkrebs 32f.
Heizdecken 54
Heizkissen 54
Helmholtz-Spulen 43, 51
Hertz 42
Hertzsche Wellen 43
Herz-Kreislauf-Beschwerden 45
Herzschrittmacher, Störungen 45
Hiroshima 79
Hochfrequenzen 41
Hochspannung 44
Hochspannungsfelder, elektromagnetische, Krebsrisiko 57
Hochspannungsleitungen 41, 47, 54, 60
–, biologische Auswirkungen 58
–, Gesundheitsrisiko 56
–, Grenzwerte elektrischer Feldstärken 59
Höhenstrahlung 5, 70, 81, 124
hot spots 79, 110, 125, 128
Hydrosphäre 11, 65

**I**
Induktion, magnetische 47
Infrarot 5, 21, 41
Interventionswert 70, 95
Iod 89, 96f., 100f., 127
–, Aktivitätskonzentration 97
–, Einbau in die Biomasse 113f.
Isotope 63
–, Anreicherung in Ozeanen 79
–, hot spots 79, 110, 128
–, –, Krebsrisiko 125

**J**
Joule 42, 68

**K**
Kalium 12, 71
Katarakt 33
Keimtötungslampen 29
Kernbrennstäbe, Emissionsverlauf bei Wiederaufarbeitung 90
Kernkraftwerke 85
–, Abklärbecken 85
–, Abschätzung der Risiken 85
–, Ausbreitung der Abgasfahnen 85
–, maximaler Beaufschlagungspunkt 86
–, wash out 86
Kernschmelze 95f., 98
kerntechnische Anlagen 83ff.
–, Störfälle 84, 94ff.
Kernwaffen-Fallout 85
Kernwaffentests 78f.
Klärschlamm, Kontamination nach Tschernobyl 101
Klima, elektromagnetisches 41
Kohle 75
–, mittlere Aktivität 76
Kohlendioxid ($CO_2$) 13
–, Atmosphärenkonzentration 12
Kohlenstoff 81, 89, 93
–, Einbau in Pflanzen 109
–, Suess-Effekt 81
Kölnisch-Wasser-Dermatitis 32
Kopfschmerzen 45, 48
kosmische Strahlung, Radionuklide 73
Kraftfahrzeuge 29, 39
Kraftfahrzeugverkehr 39
Krebs 31, 33, 49f., 58, 123ff.
–, Dosis-Wirkungs-Kurve 124
–, durch elektromagnetische Felder 48
– – – Hochspannungsfelder 57
– – Höhenstrahlung 124
Krebsrisiko, strahlenbedingtes 125
Krypton 12, 82, 86, 90f., 96, 98f., 110
künstliche Felder, biologische Wirkungen 46ff.
Kurzwellen-Behandlung 44

**L**
Lava 74
$LD_{50}$-Werte 119f.
Lebenszeitverkürzung 123
Letalmutation 126
LET s. linearer Energietransfer
Leuchtstoffröhren 60
Leukämie 48, 59
Leukämierate bei Kindern 58
Licht 5, 19ff., 26
Licht-Dunkel-Rhythmus, Blütenbildung 25
Lichtkrankheiten 32
Lichtquanten 27
Lichtreizreaktionen 24ff.
Lichtsinneszellen 26
Lignin 16
linearer Energietransfer (LET) 67
Lipide 14
Lithosphäre 11, 65
London-Smog 39
Los-Angeles-Smog 39
Luft 15
Luftfeuchtigkeit, relative 12
Luftschicht, bodennahe, Photochemie 29f.
Luftverkehr 30

## M

Magnetfeld 17, 44
magnetische Feldstärke 42
– Induktion 47
– Stürme 45
man-rem 70
Massentierhaltung 13
Membranen 14, 46, 118
Metastasen 33
Methan 12f.
Mikrowellen 6, 41, 48f.
–, Auswirkungen auf die Krebsrate 50
–, Effekte auf das Immunsystem 49
Mikrowellenstrahlung, Grenzwerte 55
Mißbildungen 122
Mol 68
Molekül, angeregtes 28
Monitore 57
Mutation 125
Mutationshäufigkeit nach Bestrahlung 122
Mycorrhiza 104

## N

Nagasaki 79
Nahrungsmittel, Tritium-Gehalt 109
Netzhaut 25f.
Neutronen 63, 67, 70
nicht-ionisierende Strahlungen, biologische Wirkungen 43ff.
Nordlichter 44
Nordsee, Verunreinigung durch WAA 93
Nukleinsäuren 14
–, Absorptionsspektrum 29
–, Straßleneinflüsse 118
Nukleonen 63

## O

Ohm 42
Ortsdosisrate 70, 122
$O_2$ s. Sauerstoff
Ozeane, Isotopen-Anreicherung 79, 94
Ozon 14, 30
–, Absorptionsspektrum 29
–, Folgen des Abbaus 38
–, Zunahme in der Troposphäre 39
Ozonabbau 30, 34
–, durch Atomwaffentests 37
–, – Vulkanausbrüche 37
–, photochemischer 34ff.
Ozonloch 33ff.
Ozonschild 30
–, Abbau 33
Ozonschildzerstörung, Folgen 38f.

## P

Petkau-Effekt 121
Pflanzen, Akkumulation von Elementen 106
–, Anreicherung von Radionukliden 107
–, Caesium-Sammler 116
–, Radionuklid-Grenzwerte für Frischgemüse 116
–, Stoffaufnahme, Transfer-Faktoren 106f., 113
–, strahlenresistente Arten 76
–, UV-Resistenz 38
Pflanzenzelle, Bau 15
Photochemie 29f.
Photonen 20, 63
Photoperiodismus 25
Photoreaktionen 28
Photosynthese 14f., 24, 81
Phototaxis 25
Plutonium 82f., 91, 100, 114

–, natürlich entstandenes 74
– Transporte 102
Porphyrie 32
Primärschaden 119
Protonen 63, 67, 70

## Q

Quanten 20, 27
Quellwasser, Radioaktivität 72

## R

rad 69
Radar 41, 48, 53, 58
Radaranlagen 41
–, Waldschäden 50
Radarprinzip, Vorläufertheorie 19
Radarstrahlung, Gehirnschädigungen durch 56
Radikale 36f., 59, 118
radioaktive Abfälle 91
–, Endbecken 93
–, Zwischenlager 93
Radioaktivität 65ff.
– der Atmosphäre 80
– der Böden 122
– im Regenwasser 80
–, künstliche 78ff.
–, natürliche 70ff.
–, –, Bergbau 75ff.
–, – in Baustoffen 77
– von Quellwässern 72
Radiobiologie 68
radiochemische Werke 94
Radioempfänger 54
Radionuklide, Abraumhalden 76
– aus Vulkanen 74
–, Anreicherung im Organismus 72
–, – in Süßwasserpflanzen 107
– durch kosmische Strahlung erzeugt 73

–, Emission des Tschernobylreaktors 99
–, Grenzwerte für Frischgemüse 116
–, Halbwertszeiten 66
– im Grundwasser 93
– im Regenwasser 80
– in der Atmosphäre 80
–, natürliche, Strahlung 70
–, Übergang in die Biosphäre 103ff.
–, wash out 86
–, Zerfallsenergien 66
Radioökologie 5
Radiosender 54
Radiotherapie 75
Radiowellen 5
Radium 68, 72, 74, 110, 127
Radon 67, 72ff., 77, 91, 109, 127
RBW s. Relative Biologische Wirksamkeit
Regen, saurer 30
Regenwasser, Rioaktivität nach Tschernobyl 100
–, Radioaktivität 80
–, Tritium-Konzentration 88
–, wash out 86
–, –, Tschernobyl 100
Reibungselektrizität 45
Relative Biologische Wirksamkeit (RBW) 69
rem (roentgen equivalent man) 69f.
rem-Werte 69f.
Retina s. Netzhaut
Rheumaschübe 45
roentgen equivalent man s. rem
Röntgendiagnostik 75
Röntgenstrahlen 5, 19
Rundfunksender 41
Ruthenium 101

**S**
Sauerstoff ($O_2$) 12, 14
Säuglingssterblichkeit 126
saurer Regen 30
Schilddrüse, Gefährdung durch radioaktives Iod 70
Schlaflosigkeit 48
Schneeblindheit 33
Schutzgrenzwerte 57
Schwindelgefühl 48
Seewasser 11
Sehstrahlen, Theorie 19
Siedewasserreaktor 87, 90
Sievert 70
Smog 30, 39f.
–, elektromagnetischer 50, 54ff.
–, London- 39
–, Los-Angeles- 39
–, oxidierender 39
–, reduzierender 39
Solarkonstante 20f.
somatische Frühschäden 123
– Strahlenschäden 118ff.
Sonne 20
Sonnenaktivität 34
Sonnenbrand 5, 32
Sonneneruptionen 45
Sonnenstrahlung, Spektrum 21
Sonnenwind 44
Spannungen bei Gewitter 44
Spulen nach Helmholtz 43, 51
Star, grauer 33
Steinkohle, mittlere Aktivität 76
Stickoxide 39
–, Hauptquelle 29
Störfälle in kerntechnischen Anlagen 84, 94ff.
Strahlen 17
–, elektromagnetische 5
–, Gamma- 19

–, Röntgen- 5, 19
α-Strahlen 69
β-Strahlen 67, 69
γ-Strahlen 69
Strahlenbelastung, zumutbare, Grenzwerte 84
Strahlenschäden, biologische 117ff.
–, Chromosomenmutation 121
–, genetische 125f.
–, Krebs 123ff.
–, Lebenszeitverkürzung 123
–, Mißbildungen 122
–, Mutation 125
–, Mutationshäufigkeit 122
–, Säuglingssterblichkeit 126
–, somatische 118ff.
Strahlenschutz 126ff.
–, Restrisiko 127
–, Schutzgrenzwerte 57
–, Vorsorgegrenzwerte 57
Strahlung 5, 19
–, Äquivalentdosisrate 127
–, Einfluß auf Nukleinsäuren 118
–, elektromagnetische 20
–, empfindliche Zellinhaltsstoffe 118
–, Expositionsgrenzwerte am Arbeitsplatz 56
–, Expositionsgrenzwerte im Haushalt 56
–, Folgeschaden 119
–, Frühschäden 123
–, infrarote 27
–, kosmische Erzeugung von Radionukliden 73
–, $LD_{50}$-Werte 119
–, natürliche, in Deutschland 71
–, natürlich vorkommender Radionuklide 70
–, nicht-ionisierende, biologische Wirkungen 43ff., 56

–, – –, Gesundheitsrisiko 56
–, niederfrequente, Leukämie-
zunahme 58
–, –, Zunahme von Gehirntumoren 58
–, Ortsdosisraten 122
–, Petkau-Effekt 121
–, Primärschaden 119
–, somatische Schäden 118ff.
–, Steigerung der Krebsrate 124
–, ultraviolette 20, 28ff.
–, –, biologische Wirkungen 30ff.
α-Strahlung 67
β-Strahlung 66, 71
γ-Strahlung 67, 84
Strahlungsbilanz der Erdoberfläche 22
Strahlungsquellen, zivilisatorische 41
Straßenverkehr 29, 39
Stratosphäre 14, 30
Stromstärke 42
Strontium 79f., 82, 89, 97, 100, 105, 107, 110
–, Einbau in die Biomasse 111f.
Suess-Effekt 81
Sulfonamide 32
Super-GAU 99
Superradarsystem 56
Süßwasser 11

## T
Technetium 115
α-Teilchen 67, 70
Telekommunikation 53
Tesla 42
Thorium 72, 74, 76
–, Zerfallsreihe 65
Transfer-Faktor 106f., 113
Transformatoren 41, 60

Transurane, Einbau in die Biomasse 114f.
Tritium 66f., 78, 80f., 85, 87, 91, 94, 96ff.
–, Anreicherung in Pflanzen 108
–, Einbau in Biomasse 108f.
–, Emissionen 89
–, Gehalt in Nahrungsmitteln 109
–, Konzentration im Regenwasser 88
Troposphäre 79
–, Ozonzunahme 39
Tschernobyl 99ff.
–, Fallout 116f.
–, Klärschlamm-Kontamination 101
–, Radionuklid-Emission 99
–, Regenwasser-Kontamination 100

## U
Uhrenindustrie, Einsatz von Tritium 94
UKW s. Ultrakurzwellen
ULF s. ultra low frequencies
Ultrakurzwellen (UKW) 41
ultra low frequencies (ULF) 41
Ultraviolett (s.a. UV) 5, 41
ultraviolette Strahlung (s.a. UV) 28ff.
Umweltrisiko, stilles 60
Uran 71f., 76, 110
–, Abraumhalden 73, 77
–, Zerfallsreihe 64
Uranminen 73
Urozean 13
Ursuppe 13
UV-A 21
UV-B 21, 31, 39
UV-C 21
UV-Resistenz, Landpflanzen 38
UV-Schutzschild 14

UV-Strahlung 28ff.
–, biologische Wirkung 30ff.
UV-Wirkungen 32
–, biologische 30f.

## V
Vakuole 14
very low frequencies (VLF) 41
Videogeräte 41
Videoterminals 57
VLF s. very low frequencies
Vorsorgegrenzwerte 57
Vulkanausbrüche 37
Vulkane, Radionuklide in Lava 74

## W
WAA s. Wiederaufbereitungs-
anlagen
Waffentests 112
–, Pannen 82
Waldschäden durch Radaranlagen 50
Walkie-talkie 54
Wärme 27
wash out 86, 100
Wasser 11
Wasserdampf 12
Wasserstoffbombe 78
Wasserstoffexplosion 96
Watt 42
Wattsekunde 68
Wechselfelder, Wirkung 46
Wellen 17
Wellenlänge 19, 42
Wellentheorie 20
Widerstand, elektrischer 42
Wiederaufarbeitung von Kern-
brennstäben, Emissionsverlauf 90
Wiederaufbereitungsanlagen 90ff.
–, Abwasser-Kontamination 93

–, Isotope im Abwasser 91
–, Plutonium-Abgaben 91
–, radioaktive Abfälle 91
–, –, Endbecken 93
–, –, Zwischenlager 93
–, Verunreinigung der Nordsee 93
Wolken, radioaktive, Wanderungs-
  geschwindigkeit 80

Wolkenbedeckung 23

**X**
Xenon 81, 86, 96, 98, 109

**Z**
Zelle, Aufbau 14ff.
–, pflanzliche, Aufbau 15
–, tierische, Aufbau 15
Zellinhaltsstoffe, strahlen-
  empfindliche 118
Zellkern 14, 119
Zerfallsenergien, Radionuklide 66
Zink 115
Zwischenlager, radioaktive Abfälle
  93